気象災害に関する情報

警戒レベルと避難情報の関係　→関連項目：1-3

避難情報（市町村長）	警戒レベル			
	数字	色	キーワード	説明
緊急安全確保	5	黒　C30,M40,Y0,K100 R12,G0,B12	最大級警戒	災害がすでに発生、または切迫している。今すぐ命を守る行動を。
避難指示	4	紫　C50,M85,Y0,K5 R170,G0,B170	厳重警戒	全員安全な場所に避難
高齢者等避難	3	赤　C0,M85,Y95,K0 R255,G40,B0	警戒	警報相当。高齢者や障碍者など避難に時間がかかる人は行動開始の目安
	2	黄　C0,M0,Y100,K5 R242,G231,B0	注意	注意報相当。災害が発生するおそれがある
	1	白　C0,M0,Y0,K0 R255,G255,B255		警報級（レベル3）以上になる可能性あり。今後の情報に留意

出典：『避難情報に関するガイドライン』（内閣府（防災担当）2022更新版）を元に作成

可視画像の例　→関連項目：2-1

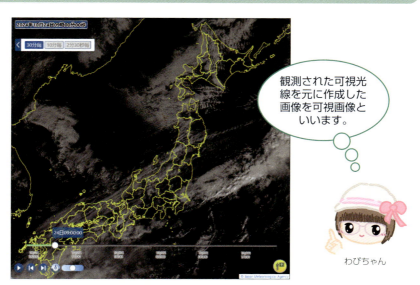

観測された可視光線を元に作成した画像を可視画像といいます。

わぴちゃん

出典：気象庁ホームページより

赤外画像の例 ➡関連項目：2-1

地球から放射される赤外線を観測し、画像にしたものを赤外画像といいます。

出典：気象庁ホームページより

雲頂強調画像の例 ➡関連項目：2-1

雲頂高度の高い部分をカラーで表示したものを雲頂強調画像といいます。

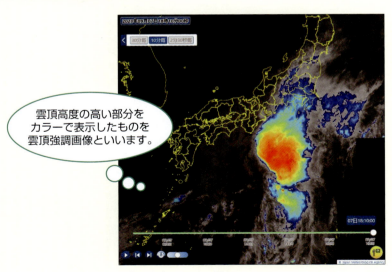

出典：気象庁ホームページより

ダスト画像の例 ➡関連項目：2-1

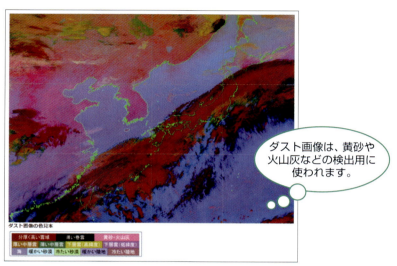

ダスト画像は、黄砂や火山灰などの検出用に使われます。

出典：気象庁ホームページより

推計気象分布（日照時間）の例 ➡関連項目：2-2

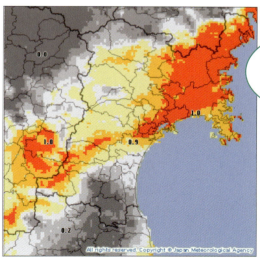

様々な観測データを元に天気や気温、日照時間の分布を計算して地図にしています。

出典：気象庁ホームページより

3

天気分布予報（最高気温）の例 ➡関連項目：2-2

出典：気象庁ホームページより

竜巻発生確度ナウキャストの例 ➡関連項目：2-4

出典：気象庁ホームページより

解析雨量の例 ➡関連項目：2-5

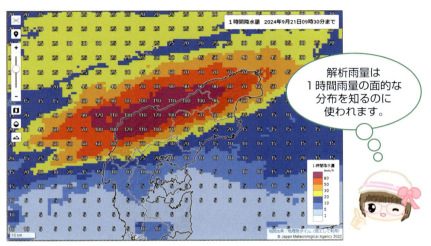

解析雨量は1時間雨量の面的な分布を知るのに使われます。

出典：気象庁ホームページより

解析降雪量の例 ➡関連項目：2-6

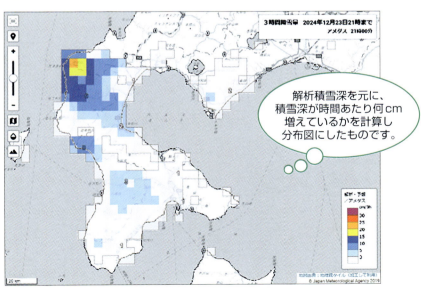

解析積雪深を元に、積雪深が時間あたり何cm増えているかを計算し分布図にしたものです。

出典：気象庁ホームページより

気象レーダーで見た台風の例 ➡関連項目：4-1

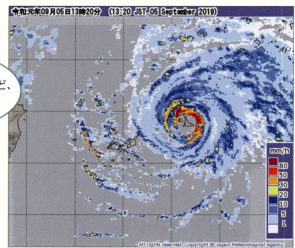

台風13号の目と、それを取り巻く壁雲など、台風の内部構造がよくわかります。

出典：気象庁ホームページより

暴風域に入る確率（分布図形式）の例 ➡関連項目：4-4

台風がこのまま予想円どおりに進んだ場合、風速25m以上の暴風域に入る確率を表しています。

出典：気象庁ホームページより

降水ナウキャストでの線状降水帯情報の例 ➡関連項目：5-4

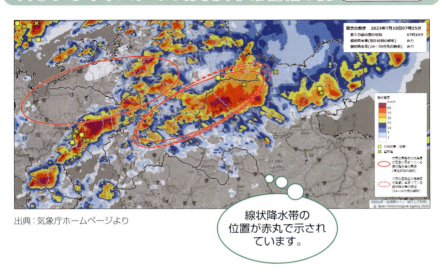

出典：気象庁ホームページより

線状降水帯の位置が赤丸で示されています。

土砂キキクルの例 ➡関連項目：5-5

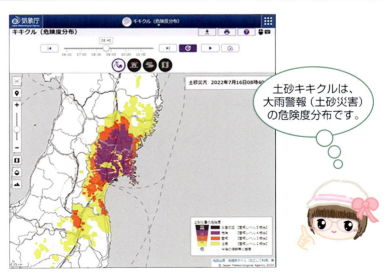

出典：気象庁ホームページより

土砂キキクルは、大雨警報（土砂災害）の危険度分布です。

7

浸水キキクルの例　→関連項目：5-5

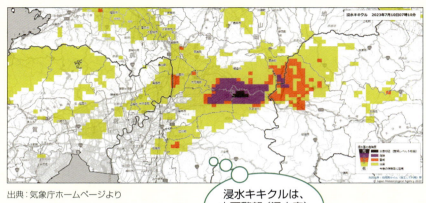

出典：気象庁ホームページより

浸水キキクルは、大雨警報（浸水害）の危険度分布です。

洪水キキクルの例　→関連項目：5-5

出典：気象庁ホームページより

洪水キキクルは、洪水警報の危険度分布です。

図解入門
How-nual
Visual Guide Book

よくわかる 最新
気象災害の基本と仕組み

気象情報から災害規模や傾向を予測する！

岩槻 秀明 著

●**注意**

(1) 本書は著者が独自に調査した結果を出版したものです。

(2) 本書は内容について万全を期して作成いたしましたが、万一、ご不審な点や誤り、記載漏れなどお気付きの点がありましたら、出版元まで書面にてご連絡ください。

(3) 本書の内容に関して運用した結果の影響については、上記(2)項にかかわらず責任を負いかねます。あらかじめご了承ください。

(4) 本書の全部または一部について、出版元から文書による承諾を得ずに複製することは禁じられています。

(5) 本書に記載されているホームページのアドレスなどは、予告なく変更されることがあります。

(6) 商標

本書に記載されている会社名、商品名などは一般に各社の商標または登録商標です。

はじめに

　気象災害の頻発化・激甚化が社会問題となっており、防災、減災をキーワードにさまざまな取り組みが行われています。天気予報の世界でも「災害につながる現象」をいかに正確に予想するかの技術開発が活発に行われています。

　そして「災害につながる現象」が発生、あるいは発生すると予想されるときに発表されるさまざまな気象情報を総称して防災気象情報と言います。

　現在、気象庁等が発表している防災気象情報は、種類・量ともかなり充実しています。これらの防災気象情報は気象災害から身を守るためのいわば命綱のような存在です。しかし防災気象情報の質が向上し充実するにつれ、情報量が膨大になり、なおかつ専門性も高まってきていて、そこから自分に必要な情報を見つけるのが大変だという声も見聞きします。

　そこで本書は、「防災気象情報の取説」として、気象予報士や防災士、防災担当者など現場で活動している皆さんにも役立つような内容となるよう構成を考えてみました。気象災害の種類やどのようなことに気をつけたらよいかといった、基本的な知識を押さえつつ、防災気象情報の見方、活用のしかたについて、ページ数が許す限り、なるべく網羅的に解説するように心がけました。

　なお防災気象の分野は日進月歩で技術開発や研究が進んでおり、現在使われている防災気象情報の体系も、今後も少しずつ変更されていくものと考えられます。変更点があれば新しくなった部分を余白などに書きこむなどして、逐次アップデートしていく、そういう使い方をしていくとよいかなと思います。

　この本が、防災気象情報を利活用するにあたり、その一助として少しでも役に立てればうれしいかぎりです。

2025年1月

岩槻　秀明

図解入門よくわかる
最新気象災害の基本と仕組み

CONTENTS

はじめに ……………………………………………………………… 3

第1章 気象災害に関する基礎知識

1-1	災害とはどのようなものか ………………………………	8
コラム	名前がつけられる災害………………………………………	12
1-2	気象災害の種類と分類 ……………………………………	13
1-3	防災気象情報と警戒レベル…………………………………	19
コラム	防災気象情報の今後………………………………………	23
1-4	災害危険箇所を知る方法 …………………………………	24
コラム	山地災害危険地区…………………………………………	26

第2章 現在の気象状況を知る方法

2-1	気象衛星画像 ………………………………………………	30
2-2	推計気象分布と天気分布予報………………………………	37
2-3	アメダス ……………………………………………………	43
コラム	観測データの品質に関する付加情報 ……………………	47
2-4	ナウキャスト………………………………………………	48
2-5	解析雨量と降水短時間予報…………………………………	55
2-6	雪の状況を知らせる情報…………………………………	60

第3章 防災気象情報

3-1	気象情報と早期注意情報	66
コラム	一次細分区域と二次細分区域	71
3-2	注意報と警報、特別警報	73
コラム	暫定基準	79
3-3	竜巻注意情報	80
3-4	早期天候情報と熱中症警戒アラート	83
コラム	2週間気温予報	86
3-5	海に関する防災情報	92
コラム	海里とノット	96
コラム	あびき（副振動）	102

第4章 台風に関する防災気象情報

4-1	台風に伴う気象災害	104
4-2	台風進路予想図	114
コラム	予報円はだんだん小さく	119
コラム	複雑な動きをする台風	120
4-3	台風に関する気象情報	121
4-4	暴風域に入る確率	126

第5章 大雨に関する防災気象情報

5-1	大雨になりやすい気象条件	130
5-2	大雨に伴う気象災害	135
5-3	大雨に関する3つの指数	141
コラム	雨や風の強さを表す言葉	146

5-4	大雨に伴って発表される情報	147
5-5	キキクル	156
コラム	中小河川の増水・はん濫	161

| 資料編 | 163 |
| 索引 | 176 |

気象災害に関する基礎知識

　近年は気象災害をはじめとする自然災害が社会的な問題となっていますが、そもそも災害とはどのようなものなのでしょうか。それに対してわが国ではどのような防災体制が取られているのでしょうか。また近年、防災情報に取り入れられるようになった警戒レベルとはどのようなものなのかについても紹介します。さらに現在指定されている災害危険箇所の種類と、それを知る方法についても確認します。

1-1

災害とはどのようなものか

そもそも災害とはどのようなものでしょうか。また、日本の防災体制を語る上で欠かせない「災害対策基本法」という法律はどのようなものでしょうか。ここでは災害に関する基本的な内容について簡単に説明していきます。

▶▶ 災害の定義

日本の災害対策の骨格をなす法律が**災害対策基本法**です。この災害対策基本法の中で、災害は以下のように定義づけられています。

一　災害
暴風、竜巻、豪雨、豪雪、洪水、崖崩れ、土石流、高潮、地震、津波、噴火、地滑りその他の異常な自然現象又は大規模な火事若しくは爆発その他その及ぼす被害の程度においてこれらに類する政令で定める原因により生ずる被害をいう。
（災害対策基本法第二条から抜粋）

そして、条文中にある「これらに類する政令で定める原因により生ずる被害」は、災害対策基本法施行令で以下のように定められています。

災害対策基本法（以下「法」という。）第二条第一号の政令で定める原因は、放射性物質の大量の放出、多数の者の遭難を伴う船舶の沈没その他の大規模な事故とする。
（災害対策基本法施行令第一条）

つまり、災害とは、さまざまな自然現象（気象や地震・津波、火山など）、規模の大きな火災や爆発、海難事故、原発事故などによって発生した被害のことです。

これらのうち自然現象による被害を**自然災害**といい、自然災害のうち、大雨や大雪、強風などの気象を原因とするものを**気象災害**と呼びます。本書はこの気象災害を中心に解説していきます。

1-1 災害とはどのようなものか

▶▶ 災害対策基本法

　災害対策基本法は1961年に制定された法律で、1959年に日本を襲った**伊勢湾台風**（台風第15号）が契機となっています。伊勢湾台風は死者・行方不明者5098名と、明治期以降最悪の台風災害を引き起こしました。今の日本の防災行政は、この災害対策基本法に基づいて構築されています。

　災害対策基本法では、災害対策を①災害予防、②災害応急対策、③災害復旧の３段階に分け、段階に応じて役割分担や権限を規定しています。

　防災行政の取りまとめ役としては、国（内閣府）に**中央防災会議**を、都道府県に**都道府県防災会議**を、市町村に**市町村防災会議**を設置することとされています。また地域や災害の特性などの理由から、都道府県や市町村の枠を越えた広域連携が効果的な場合は、**地方防災会議の協議会**が設置されることもあります。

　平時には、いざというときのために中央防災会議は**防災基本計画**を、地方自治体は**地域防災計画**を、指定行政機関と指定公共機関等は**防災業務計画**を作成します。

　地域防災計画には、都道府県が作成する**都道府県地域防災計画**、市町村が作成する**市町村地域防災計画**のほか、都道府県をまたいで作成される**都道府県相互間地域防災計画**や、市町村をまたいで作成される**市町村相互間地域防災計画**もあります。あわせて住民等には日ごろの備えや防災訓練などへ積極的な参加を呼びかけています。

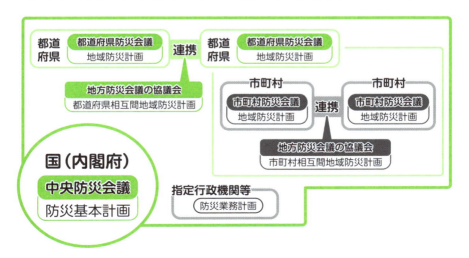

図1-1-1　防災組織と防災計画の主体と名称

1-1 災害とはどのようなものか

災害が発生あるいは切迫しているときは、地方自治体に**災害対策本部**（都道府県には**都道府県災害対策本部**、市町村には**市町村災害対策本部**）を置くことになっています。

規模の大きな災害（**非常災害**）の時は、内閣府に**非常災害対策本部**が設置されます。緊急事態宣言レベルの甚大かつ異常な災害の時は、非常災害対策本部に代わり**緊急災害対策本部**が置かれます。

また非常災害の基準を満たさなくとも、地域特性その他の状況から国による対応が必要と考えられる災害は**特定災害**と呼ばれ、内閣府に**特定災害対策本部**が設置されます。

図1-1-2　災害対策本部とその主体

▶▶ 激甚災害

国民経済に重大な影響を与えるような災害で、**激甚災害法**（激甚災害に対処するための特別の財政援助等に関する法律）の基準を満たすものを**激甚災害**といいます。

激甚災害に指定されると、公共インフラや農地などの復旧にあたり、国庫からの補助が大幅に増えます。また中小企業者への特例措置など、財政的な支援が手厚くなります。

激甚災害には俗に**本激**と呼ばれる狭い意味での激甚災害と、**局激**と呼ばれる**局地激甚災害**があります。激甚災害（本激）は全国規模で甚大な影響がある災害が対象で、区域指定なしで、災害名と適用措置が速やかに指定されます。

1-1　災害とはどのようなものか

一方の局地激甚災害（局激）は、範囲は比較的狭いものの地域で甚大な被害が発生した場合に市町村単位で指定されるものです。災害名と対象市町村、適用措置が年度末に一括指定されます。

さらに2007年に発生した平成19年能登半島地震をきっかけに、**早期局激制度**が設けられました。これは局地激甚災害のうち、災害復旧事業にかかる見込額が指定基準の2倍を超える場合で、年度途中でも災害の都度速やかに指定される制度です。

▶▶ 二次災害と複合災害

台風や大雨、地震などによる災害（**一次災害**）が発生した後、それがきっかけとなり新たな災害が発生することを**二次災害**といいます。大きな地震の後に発生する火災、大雨の後の土砂災害などが例として挙げられます。その他、救助や復旧活動中の事故や遭難、被災なども二次災害といえます。

また複数の災害が同時、または時間差で発生し、被害が拡大するような状態を**複合災害**といいます。例えば大地震発生後ほどなく台風が直撃する例が挙げられます。

被災者が命を落とす原因として、被災が直接原因となる直接死のほかに、避難時や避難生活に伴う身体の負担や精神的ストレスが引き金となる**災害関連死**があります。災害復旧の段階では、避難生活が長引けば長引くほど、災害関連死が増えるおそれがあります。

図1-1-3　二次災害と複合災害、災害関連死

一次災害	二次災害	複合災害
最初の災害による直接的な被害	一次災害を機に連鎖的に起きる被害	災害対応中に新たに別な災害が発生
強い揺れによる建物の倒壊	火災の発生	台風の接近
強い揺れによる道路の損壊	交通網の寸断で救助が遅れる	大雨による災害
地面の液状化　など	液状化により建物が傾く　など	大雪による災害　など

大地震発生！ → 地震災害対策中

災害関連死
避難時や避難生活に伴う身体の負担や精神的ストレスが引き金となって命を落とす

1-1 災害とはどのようなものか

▶▶ 重大な災害

気象庁が天気予報などで使う用語を**予報用語**といいます。その中で、**重大な災害**は以下のように定義がなされています。

> 【重大な災害】
> 被害が広範囲に及ぶ、または被害の程度が激甚であり、地域がその社会の一般的な規範（社会通念）によって「重大」と判断するような災害。
> （気象庁予報用語2024年3月改訂版）

そして、このような重大な災害が発生するおそれがある旨を警告するために発表されるのが**警報**（➡ 73ページ）です。また重大な災害を引き起こすようなレベルの気象状況（大雨や大雪など）になる可能性がある場合は、警報級の大雨、警報級の大雪という具合に、**警報級**という言葉が使われます。また警報発表の基準をはるかに超える異常な現象が予想され、重大な災害が発生する可能性が著しく高まっているときには**特別警報**（➡ 76ページ）が発表されます。

名前がつけられる災害

気象庁は、大雨や台風、地震などの自然現象のうち、顕著な災害をもたらしたものに名前をつけています。公式の災害名があることで分かりやすくなり、災害対応や情報伝達が円滑になるほか、災害の記憶を風化させずに後世に伝承する効果も期待されています。

気象庁による命名とは別に、地方自治体などによる地域独自の災害名が存在することもあります。例えば、気象庁によって命名された「平成27年9月関東・東北豪雨」は、鬼怒川決壊による大水害を引き起こしたことから「鬼怒川水害」とも呼ばれます。

また、政府によって災害名がつけられることもあります。その例としては阪神・淡路大震災（気象庁による命名：平成7年兵庫県南部地震）や東日本大震災（気象庁による命名：平成23年東北地方太平洋沖地震）が挙げられます。

1-2

気象災害の種類と分類

大雨や大雪、強風、落雷、冷害…、ひとくちに気象災害と言っても、その種類や形態はさまざまです。ここでは気象災害の特性と、どのような種類があるのかについて詳しく見ていきます。

▶▶ 気象災害の特性

大雨や大雪、強風など、さまざまな大気現象に伴って起きる被害を総称して気象災害といいます。気象災害には、現象自体が引き起こす被害（例：強風による建物被害、猛暑による熱中症など）と、間接的に別な現象を誘発しそれが災害につながる場合（例：大雨に伴う土砂崩れ、河川のはん濫など）とがあります。また災害を拡大させる要因としてはたらく場合（例：強風・乾燥によって火災が拡大するなど）もあります。

気象災害は、地域特性や土地利用形態、地形などの影響が強く出やすい傾向があります。例えば同じ大雨でも低地は浸水、川の近くでは河川災害（川の増水・はん濫）、山地では土砂災害という具合で、警戒が必要な事項が場所によって変わってきます。

また、ふだん雪の少ない地域では数cm程度の積雪でも大きな影響が出るなど、被害につながる現象の程度も地域によってかなり異なります。警報・注意報などの発表基準が地域によって異なるのは、これらの地域特性を反映させているからです。

それから大きな地震の後はわずかな雨でも土砂災害が発生する可能性があるなど、特別な事情により、ふだんより気象災害が起こりやすい状態になることがあります。気象庁はこのような事情を考慮して、警報・注意報などの発表基準を一時的に引き下げる暫定基準（➡79ページ）という措置を講じることもあります。

▶▶ 長期緩慢災害

気象災害の中には、日照不足、少雨（ひでり）、長期間の高温傾向など、異常な天候が長く続いた結果引き起こされるタイプのものもあり、これを**長期緩慢災害**といいます。長期緩慢災害の原因となる現象は、一般的な気象災害のような激しさはなく、短期間で収束するのであればあまり問題にならないのがふつうです。

第1章 気象災害に関する基礎知識

1-2 気象災害の種類と分類

▶▶ 雨による災害

　災害につながるくらい雨がたくさん降ることを**大雨**といい、それによって引き起こされる災害を**大雨害（大雨災害）**といいます。大雨害はさらに、**洪水災害**（河川の増水・はん濫による被害）、**浸水害**（建物などが水に浸かる）、それから**土砂災害**（がけ崩れ、土石流など）に分けられます。

　また雨の降り方自体はそれほど強くなくとも、数日以上降り続くことを**長雨**といい、それによって引き起こされる農業被害などを**長雨害**といいます。

　反対に長期間雨がまったく降らない状態を**少雨**といい、農業被害や水不足などの原因となります。

図1-2-1　雨による気象災害の分類例

災害の種類		説明	防災上の注意事項
大雨害	浸水害	ものが水に浸ったり、建物に水が入りこむ	道路や田畑の冠水、住宅浸水など
	土砂災害	がけ崩れ、山崩れ、土石流、地すべりなど	人的被害、建物被害、交通障害など
	洪水災害	河川の増水により、川の水が堤防を越えるなどして、河川設備（堤防・ダム）が破損される	河川はん濫による大規模水害など
長雨害		数日以上の長期間にわたって降り続く雨	農作物被害、浸水被害など
少雨害	干害	雨が降らずに大地がすっかり乾燥してしまう	農作物被害、土ぼこりによる健康被害など
	渇水	雨が降らずダム貯水率が低下、水不足に陥る	農作物被害、水不足など
風雨害		強い風を伴った雨	視界不良に伴う交通障害など

▶▶ 風による災害

　風が強く吹くことを**強風**、そして暴風警報発表基準以上の強さの風を**暴風**といいます。また発達した積乱雲の近くでは竜巻などの激しい突風（急に吹く強い風で継続時間の短いもの）が吹くことがあります。これらの風によって引き起こされる災害を総称して**風害**といいます。強く吹く風による建物被害や人的被害（**強風害**）のほか、海の波しぶきを伴った風による**塩風害（塩害）**、それからフェーン現象に伴う乾いた熱風による被害（**乾風害**）なども含まれます。

　なお台風のように、大雨と強風が同時に起こるような災害を**風水害**と呼ぶこともあります。

1-2 気象災害の種類と分類

図1-2-2　風による気象災害の分類例

災害の種類		説明	防災上の注意事項
風害	強風害	強く吹く風に伴う被害	屋外物の飛散、人的被害、建物被害など
	塩風害	波しぶきを伴った風がもたらす、海水塩による被害	構造物の腐食・さび、農作物被害など
	乾風害	フェーンなどによる乾燥した熱風による被害	農作物被害など
風害に関連	風じん	強風に土ぼこりを伴うこと	交通障害、呼吸器疾患など
	大火	強風によって火災が延焼・大規模化すること	

▶▶ 雪や氷による災害

　雪や氷に伴う災害を総称して**雪氷災害**といいます。雪による災害としては、大量に降る雪によって引き起こされる**大雪害**、湿った雪が付着することで起きる**着雪害**、雪が融けることで起きる**融雪害**、それから風を伴った雪によって引き起こされる**風雪害**が挙げられます。

　大雪害はさらに積もった雪による交通障害のほか、雪の重みによる建物被害（**雪圧害**）、屋根などの雪が落下することで起きる被害（**落雪害**）などがあります。

　融雪害には、多雪地帯で大量の雪融け水によって起きる洪水（**融雪洪水**）や浸水、土砂災害などがあります。また山の斜面に積もった雪が勢いよく崩れ落ちる**なだれ**も融雪害のひとつです。

　屋外にあるさまざまなものに氷がつく着氷現象は、停電、倒木、交通障害などの**着氷害**を引き起こします。また北海道のオホーツク海側の冬の風物詩とされる流氷も、ときに船舶の航行に支障をきたすことがあり、これを**海氷害**といいます。

第1章 気象災害に関する基礎知識

15

1-2 気象災害の種類と分類

図1-2-3 雪や氷による気象災害の分類例

現象	災害の種類		説明	防災上の注意事項
雪	大雪害	積雪害	雪が地面を覆うことによる被害	交通障害など
		雪圧害	積もった雪の重みによる被害	建物被害など
		落雪害	屋根に積もった雪が落下すること	人的被害、建物被害、交通障害など
	着雪害		湿った重たい雪があちこちに付着すること	停電、倒木、交通障害など
	融雪害	なだれ害	山の斜面に積もった雪が勢いよくくずれ落ちる	人的被害、建物被害、交通障害など
		浸水害	大量の雪融け水による浸水	道路や田畑冠水、住宅浸水など
		土砂災害	大量の雪融け水、なだれが引き起こす土砂災害	人的被害、建物被害、交通障害など
		融雪洪水	大量の雪融け水が河川に流れ込んでおこる洪水	河川はん濫、浸水被害など
	風雪害		強風を伴った雪	視界不良に伴う交通障害など
氷	着氷害		屋外にあるさまざまなものに氷がつくこと	停電、倒木、交通障害、船体着氷など
	海氷害		いわゆる流氷のこと	海氷の動きによる船舶の交通障害など

▶▶ 積乱雲による災害

　発達した積乱雲による雷は、停電や火災、人的被害などの**雷害**を引き起こします。また積乱雲から降る雹は、農作物や車、建物などに被害を与える**雹害**の原因となります。ときには竜巻やダウンバーストなどの局地的な激しい突風をもたらすことがあり、これによる風害が起きることもあります。ダウンバーストは積乱雲がつくりだす強い下降気流が地面にぶつかり、四方に広がるように激しく吹く風のことです。航空機の大敵で、特に離着陸のときにこれに巻きこまれると、墜落する危険があります。それから積乱雲に伴う雨は短時間ながらも降りかたが激しいため、大雨災害の原因になります。

1-2　気象災害の種類と分類

図1-2-4　積乱雲による気象災害の分類例

現象	災害の種類		説明	防災上の注意事項
雨	大雨害	浸水害	アンダーパスや地下街などに雨水が流れ込む	道路の冠水による交通障害など
		土砂災害	がけ崩れ、山崩れ、土石流、地すべりなど	雨量が多いときは注意
		洪水災害	急に激しく降る雨で小さな川が増水しやすい	急な増水による被害
風	風害	強風害	竜巻などの激しい突風による被害	屋外物の飛散、人的被害、建物被害など
雷	雷害		雷による被害	人的被害、停電、火災、電気製品故障など
雹	雹害		積乱雲から降る直径5mm以上の大きな氷の粒	人的被害、建物被害、農作物被害など

▶▶ 気温による災害

異常な高温・低温に伴う影響や被害の内容は、季節によって異なります。

夏季の低温（**冷害**）は稲の不作など農業被害の原因となります。冬季の低温（**寒害**）は路面凍結や水道管破裂、植物の凍害などを引き起こします。

高温の場合、夏季は熱中症患者の増加や農作物被害などの影響があります。冬季は雪不足に伴う産業への影響や、夏場の水不足の引き金になります。

また、秋季に例年よりもかなり早く霜が降りることを**早霜**、春季に例年よりもかなり遅く霜が降りることを**遅霜**といいます。いずれも農作物への影響があり、それによる被害を**霜害（凍霜害）**といいます。

図1-2-5　気温による気象災害の分類例

災害の種類		説明	防災上の注意事項
高温	夏季	夏季の異常高温による被害	農作物被害、熱中症など
	冬季	冬季の異常高温（暖冬）による被害	雪不足による産業被害、夏季の水不足など
低温	冷害（夏）	夏季の異常低温（冷夏）による被害	農作物被害など
	寒害（冬）	冬季の異常低温による被害	路面凍結、水道管凍結、凍上など
霜害	早霜	秋季、通常よりもかなり早く霜が降りること	農作物被害など
	遅霜	春季、通常よりもかなり遅く霜が降りること	農作物被害など

1-2 気象災害の種類と分類

▶▶ そのほかの災害

湿度が異常に低く、空気が乾燥していることによって引き起こされる被害を**乾燥害**、反対に湿度の高い状態が続くことによる影響を**高湿害**といいます。

また濃い霧が出ると見通しが悪くなり、交通機関に影響が出ることがあります。これを**霧害**（**濃霧害**）といいます。雨や雪など霧以外の要因も含めて、**視程不良害**と呼ぶこともあります。その他、光化学スモッグなどの大気汚染物質、煙霧、黄砂などが大量に大気中に漂うと、健康被害の原因になることがあります。

それから海に関する気象災害として、**波浪害**（高波による被害）、**高潮害**（高潮による被害）、**異常潮害**（高潮や津波以外の潮位変動による被害）などが挙げられます。

図1-2-6 湿度や霧・じん象、海に関する気象災害の分類例

区分	災害の種類		説明	防災上の注意事項
湿度	乾燥害		空気の乾燥した状態が長く続く	火災、感染症流行など
	高湿害		湿度が異常に高い状態が長く続く	食中毒、農作物被害など
霧	濃霧害		濃い霧のため見通しがほとんどきかない状態	交通障害など
じん象	光化学スモッグ		大気汚染物質が日射等で有害物質に変化する	光化学オキシダントによる健康被害など
	煙霧		空気中のちりやホコリが原因で空がかすむ	健康被害、視界不良による交通障害など
	黄砂		大陸の砂漠地帯からの砂が空気中をただよう	健康被害、視界不良による交通障害など
海洋	波浪害		台風や低気圧など、気象が原因の高い波	人的被害、水産設備被害、塩害など
	潮位	高潮害	台風や低気圧などが原因で潮位が異常上昇すること	人的被害、沿岸地域の浸水、交通障害など
		異常潮害	高潮や津波以外の潮位の異常上昇	沿岸地域の浸水、交通障害など
		副振動	海面の振動現象。通常の波よりも周期が長い	小型船舶の転覆、水産設備被害など

1-3

防災気象情報と警戒レベル

気象災害の時は状況に応じてさまざまな防災気象情報が矢継ぎ早に発表されます。そこで、これらの情報の危険度を少しでも分かりやすくするために5段階の警戒レベルが導入されています。ここでは警戒レベルについて詳しく見ていきます。

▶▶ 避難情報と警戒レベル

災害が発生、またはそのおそれがあるとき、市町村長は災害対策基本法に基づいて避難指示などの避難情報を発令することとなっています。この避難情報自体は災害対策基本法制定時より発表されてきたものですが、分かりにくいという指摘があり、近年見直しが行われています。

まず2019年6月からは**警戒レベル**が導入され、災害発生の危険度が5段階の数字と色で示されるようになりました。警戒レベル1～警戒レベル5まであり、数字が大きくなるほど危険度が高くなります。そして警戒レベル4までに全員安全な場所に避難することとされました。現在は、警戒レベルの数字と紐づけられている情報（避難情報や大雨情報など）は、警戒レベルの数字とともに伝えるようになっています。

また2021年5月20日からは、市町村長が発令する避難情報の体系が見直されました。警戒レベル4に相当する情報は従来、「避難勧告」と「避難指示（緊急）」の2つがありましたが、これが**避難指示**に統一されました。あわせて警戒レベル3の「避難準備・高齢者等避難開始」は、**高齢者等避難**に、警戒レベル5の「災害発生情報」は**緊急安全確保**へと変更になりました。

1-3 防災気象情報と警戒レベル

図1-3-1 警戒レベルと避難情報の関係

避難情報 (市町村長)	警戒レベル			
	数字	色	キーワード	説明
緊急安全確保	5	黒 C30,M40,Y0,K100 R12,G0,B12	最大級 警戒	災害がすでに発生、または切迫している。今すぐ命を守る行動を。
避難指示	4	紫 C50,M85,Y0,K5 R170,G0,B170	厳重 警戒	全員安全な場所に避難。
高齢者等避難	3	赤 C0,M85,Y95,K0 R255,G40,B0	警戒	警報相当。高齢者や障碍者など避難に時間がかかる人は行動開始の目安。
	2	黄 C0,M0,Y100,K5 R242,G231,B0	注意	注意報相当。災害が発生するおそれがある。
	1	白 C0,M0,Y0,K0 R255,G255,B255		警報級(レベル3)以上になる可能性あり。今後の情報に留意。

出典:『避難情報に関するガイドライン』(内閣府(防災担当)2022更新版)を元に作成
※4色カラー版は、巻頭カラーページをご参照ください。

▶▶ 避難情報の種類(現行)

　現在市町村長が発令する避難情報は、高齢者等避難(警戒レベル3)、避難指示(警戒レベル4)、緊急安全確保(警戒レベル5)です。

　警戒レベル3の高齢者等避難は、災害対策基本法第56条第2項が根拠規定となっています。高齢者や障碍者など、いざというときの避難に時間がかかる人に早めの安全確保を促すための情報です。他にも乳幼児を連れた親子や、災害危険区域からの脱出に時間がかかる、危険を感じるなどの場合も、高齢者等避難の段階で安全確保をしておくと安心です。

2　市町村長は、前項の規定により必要な通知又は警告をするに当たつては、要配慮者に対して、その円滑かつ迅速な避難の確保が図られるよう必要な情報の提供その他の必要な配慮をするものとする。
(災害対策基本法第五十六条第2項)

1-3 防災気象情報と警戒レベル

　警戒レベル４の避難指示は、災害対策基本法第60条第１項が根拠規定となっています。避難指示は、全員安全な場所へ避難することが求められる情報です。避難所は安全な場所の選択肢のひとつに過ぎず、現在いる場所が安全であれば、無理に避難所に移動する必要はありません。

> 　災害が発生し、又は発生するおそれがある場合において、人の生命又は身体を災害から保護し、その他災害の拡大を防止するため特に必要があると認めるときは、市町村長は、必要と認める地域の必要と認める居住者等に対し、避難のための立退きを指示することができる。
> （災害対策基本法第六十条第１項）

　警戒レベル５の緊急安全確保は、災害対策基本法第60条第３項が根拠規定です。これはすでに災害が発生しているか、非常に切迫している危険な状態で、ただちに命を守る行動を取るように呼びかける情報です。ただしこの情報は必ず発令されるとは限りません。

> ３　災害が発生し、又はまさに発生しようとしている場合において、避難のための立退きを行うことによりかえって人の生命又は身体に危険が及ぶおそれがあり、かつ、事態に照らし緊急を要すると認めるときは、市町村長は、必要と認める地域の必要と認める居住者等に対し、高所への移動、近傍の堅固な建物への退避、屋内の屋外に面する開口部から離れた場所での待避その他の緊急に安全を確保するための措置（以下「緊急安全確保措置」という。）を指示することができる。
> （災害対策基本法第六十条第３項）

▶▶ 防災気象情報との対応

　気象災害のうち、現在警戒レベルの対象となっているのは大雨（浸水・土砂災害）、洪水、高潮の３つです。そしてこれらの現象を対象に発表される防災気象情報と、警戒レベルの関係を図1-3-2に示します。

　警戒レベル１に対応するのは早期注意情報（➡70ページ）。これは今後警報発表レベルの大雨や高潮が予想される場合に発表されるものです。テレビなどでは「警報級の雨になるおそれ」などという形で発表されます。

1-3　防災気象情報と警戒レベル

　このキーワードを耳にしたら、ふだんより気象情報をこまめに確認するようにし、災害への心構えを高めていきましょう。

　警戒レベル2は注意報相当。つまり大雨、洪水、高潮注意報がこれに該当します。ただし高潮注意報のうち、警報に切り替える可能性が高いとされているものは、注意報でも警戒レベル3扱いです。また河川ごとに発表されるはん濫注意情報（➡155ページ）、それからキキクル（危険度分布：➡157ページ）で注意（黄色）となっている場所もあてはまります。警戒レベル2はハザードマップなどで避難先や避難経路、危険箇所の確認を行う段階です。

　警戒レベル3は警報相当。つまり大雨、洪水警報が該当します。また河川ごとに発表されるはん濫警戒情報（➡155ページ）や、キキクル（危険度分布）で警戒（赤色）となっている場所も対象です。

　警戒レベル4に相当する情報は、土砂災害警戒情報（➡148ページ）、はん濫危険情報（➡155ページ）、高潮警報、高潮特別警報です。またキキクル（危険度分布）の危険（紫色）の場所も対象となります。

　警戒レベル5に相当するのは大雨特別警報、はん濫発生情報、それからキキクル（危険度分布）の災害切迫（黒色）の場所です。

図1-3-2　警戒レベルと防災気象情報の関係

警戒レベル	大雨情報		河川の洪水予報等	高潮情報	キキクル（危険度分布）
	浸水	土砂災害			
5	大雨特別警報	大雨特別警報	はん濫発生情報		黒（災害切迫）
4		土砂災害警戒情報	はん濫危険情報	高潮特別警報・高潮警報	紫（危険）
3	大雨警報	大雨警報	はん濫警戒情報・洪水警報	高潮注意報（警報切替可能性高）	赤（警戒）
2	大雨注意報	大雨注意報	はん濫注意情報・洪水注意報	高潮注意報	黄（注意）
1	早期注意情報（警報級可能性中〜高）	早期注意情報（警報級可能性中〜高）		早期注意情報（警報級可能性中〜高）	

1-3 防災気象情報と警戒レベル

防災気象情報の今後

現在発表されているさまざまな防災気象情報は、種類がとても多くて複雑なのと、警戒レベルとの整合性が微妙なものもあります。そのため防災気象情報の整理・見直しを行って、シンプルで分かりやすい情報体系にしようと、**防災気象情報に関する検討会**が開かれています。2024年6月にその最終とりまとめとなる報告書『防災気象情報の体系整理と最適な活用に向けて』が公表されました。

図1-3-3　新しい防災気象情報体系の案

警戒レベル	対応情報名	大雨浸水に関する情報 大雨危険度	土砂災害に関する情報 土砂災害危険度	河川はん濫に関する情報 洪水危険度	高潮に関する情報 高潮危険度
5	特別警報	大雨特別警報	土砂災害特別警報	はん濫特別警報	高潮特別警報
4	危険警報	大雨危険警報	土砂災害危険警報	はん濫危険警報	高潮危険警報
3	警報	大雨警報	土砂災害警報	はん濫警報	高潮警報
2	注意報	大雨注意報	土砂災害注意報	はん濫注意報	高潮注意報
		原則市町村ごと	原則市町村ごと	河川ごと	沿岸あるいは原則市町村ごと

出典：『防災気象情報の体系整理と最適な活用に向けて』（防災気象情報に関する検討会 2024）を元に作成

それによると現在警戒レベルが導入されている大雨、洪水、高潮に関する情報は、**洪水危険度**（河川に関する情報）、**大雨危険度**（大雨浸水に関する情報）、**土砂災害危険度**（土砂災害に関する情報）、**高潮危険度**（高潮に関する情報）の4つの体系に分けることが示されました。そしてそれぞれの現象の危険度を、**注意報**（警戒レベル2）、**警報**（警戒レベル3）、**危険警報**（警戒レベル4）、**特別警報**（警戒レベル5）というかたちに統一して表す案となっています。

5段階の警戒レベルがじゅうぶんに普及したら、将来的には「現象＋レベル」というシンプルな形にするのもひとつの方法という提案もなされています（例：洪水レベル4、土砂レベル3など）。

1-4
災害危険箇所を知る方法

気象災害はどこでも同じように発生するわけではありません。地域によって起こりやすい災害の種類は異なり、特にリスクの高い危険な箇所というのも存在します。ここでは地域に潜む災害危険箇所について主なものをまとめてみます。

▶▶ 土砂災害危険箇所

1966年より土砂災害への警戒体制を整備する目的で、土砂災害危険箇所の調査・公表が行われてきました。**土砂災害危険箇所**には、**土石流危険渓流**（土石流のおそれ）、**地すべり危険箇所**（地すべりのおそれ）、**急傾斜地崩落危険箇所**（がけ崩れのおそれ）の3つがあります。

図1-4-1
土石流危険渓流を知らせる看板

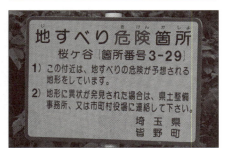

図1-4-2
地すべり危険箇所を知らせる看板

図1-4-3
急傾斜地崩落危険箇所を知らせる看板

なお2024年4月以降はこれらの土砂災害危険箇所という言葉を使用しないこととなりました。今後の土砂災害警戒体制は、**土砂災害防止法**（土砂災害警戒区域等における土砂災害対策の推進に関する法律）にもとづく土砂災害警戒区域等への指定という形で行われます。また2024年4月以降は、土石流の土砂災害警戒区域より上流にある渓流を土石流危険渓流と呼ぶことになりました。

▶▶ 土砂災害警戒区域

土砂災害防止法に基づく指定は、**土砂災害警戒区域（イエローゾーン）**と、**土砂災害特別警戒区域（レッドゾーン）**の2つに分けられます。土砂災害警戒区域は、土石流や地すべり、急傾斜地崩落（がけ崩れ）で住民が命の危険にさらされる可能性がある区域です。そしてその影響が特に大きく危険な場所が土砂災害特別警戒区域（レッドゾーン）に指定されます。

土砂災害警戒区域では防災情報の伝達やすみやかに避難できる体制の構築が求められます。土砂災害特別警戒区域ではさらに開発の制限や移転勧告などの措置が講じられます。

図1-4-4　土砂災害警戒地域を知らせる看板

▶▶ 砂防三法指定区域

砂防法、**地すべり等防止法**、**急傾斜地の崩壊による災害の防止に関する法律**、これら3つの法律をまとめて**砂防三法**といいます。そしてこれらにもとづいて指定される区域が**砂防三法指定区域**で、砂防指定地、地すべり防止区域、急傾斜地崩落危険区域の3つがあります。

1-4 災害危険箇所を知る方法

　砂防指定地は土石流などの土砂災害を未然に防ぐ対策を取る必要がある区域です。また**地すべり防止区域**は地すべり区域（地すべりが発生、またはそのおそれがきわめて大きい区域）と、その隣接地域（地すべり区域の地すべりを誘発しないような措置が必要な区域）に分けられ、必要な地すべり対策事業が施されます。

　急傾斜地崩落危険地域は、がけ崩れのおそれがある急傾斜地（傾斜度30度以上）と隣接する場所を指定するもので、がけ崩れを防ぐ工事などの対策が行われます。

図1-4-5　砂防三法指定区域の種類

	砂防指定地	地すべり危険地区	急傾斜地崩壊危険区域
根拠となる法律	砂防法	地すべり等防止法	急傾斜地の崩壊による災害の防止に関する法律
対象となる現象	土石流など	地すべり	急傾斜地崩壊（がけ崩れ）
区域指定者	国土交通大臣	国土交通大臣	都道府県知事
行われる対策	砂防事業（砂防堰堤など）	地すべり防止工事	がけ崩れ防止工事

COLUMN　山地災害危険地区

　山地で発生する土砂災害を**山地災害**といいます。林野庁や都道府県は、人家や公共施設、道路などに直接被害が及ぶような山地災害が発生するおそれがある地区を調査し、**山地災害危険地区**としています。山地災害危険地区には、**山腹崩落危険地区、崩落土砂流出危険地区、地すべり危険地区**の3つがあります。

図1-4-6　山地災害危険地区の種類

区分	説明
山腹崩壊危険地区	山崩れ（がけ崩れ）や落石による災害が発生するおそれがある
地すべり危険地区	地すべりによる災害が発生するおそれがある
崩壊土砂流出危険地区	土石流に伴う災害が発生するおそれがある

▶▶ 浸水想定区域

　大雨や高潮、津波による浸水が予想される区域を総称して**浸水想定区域**といいます。大雨による浸水には、河川のはん濫によるもの（**洪水被害**）と、大量の雨水に排水機能が追いつかず水がたまってしまう状態（**内水被害**）に分けられます。

　洪水予報河川や水位周知河川に指定されている河川では、水防法という法律に基づき、その河川がはん濫した場合に想定される浸水エリアを**洪水浸水想定区域**に指定しています。そして洪水浸水想定区域内の市町村長は、洪水浸水想定区域図及び避難場所、避難に必要な情報をまとめた**洪水ハザードマップ**を公表することになっています。

　さらに最近は河川はん濫時の浸水の高さをイメージしやすいよう、電柱に想定浸水深を記している地域もあります。

図1-4-7　電柱を用いた想定浸水深表示の例

　なお内水被害による浸水が想定される区域を地図にしたものを**内水ハザードマップ**といいます。近年は内水ハザードマップを作成している市町村も増えてきています。

1-4 災害危険箇所を知る方法

　また高潮による浸水被害が想定される区域は**高潮浸水想定区域**に指定されます。高潮浸水想定区域は、高潮による大きな被害が出た室戸台風（1934年9月）相当の台風が接近したという想定で計算されています。

　それからアンダーパスや地形の関係で道路が冠水しやすい場所があります。そういうところにはその旨を注意する看板が立っているので、大雨時は迂回するようにしましょう。

図1-4-8　道路冠水の注意を促す看板

現在の気象状況を知る方法

　気象災害を少しでも軽減するためには、まず「現在の気象状況」を知り、今後の見通しを予測した上で、可能なかぎり先手を打って防災行動をとる必要があります。本章では、気象衛星画像、推計気象分布・天気分布予報、アメダスの観測データ、気象レーダーや解析雨量、そして解析積雪深など、「現在の気象状況」を知るのに役立つ情報の見かたや特性、活用方法などを詳しく見ていきます。

2-1

気象衛星画像

人工衛星を用いて、宇宙から地球の大気の状態を観測する方法を気象衛星観測といいます。気象衛星観測によって得られたデータを画像化したものにはさまざまな種類があり、おなじみの気象衛星画像もそのひとつです。

▶▶ 気象衛星による観測

宇宙から地球の状態を観測するために使われるのが**静止気象衛星**（本書では特に断りがないかぎり単に気象衛星と表記します）です。日本で運用されている気象衛星は「ひまわり」と呼ばれ、初号機は1977年7月14日に打ち上げられ、翌1978年4月6日から観測がはじめられました。2024年現在運用されているのは、**ひまわり9号**（Himawari-9）で、先代のひまわり8号（Himawari-8）がバックアップのための待機運用をしています。ひまわり9号は2016年11月2日に種子島宇宙センターから打ち上げられ、翌2017年3月10日から待機運用を開始、2022年12月13日から本運用となっています（ひまわり9号の本運用は2029年までの予定）。

図2-1-1　気象衛星のイメージ画像

出典：気象庁ホームページより

気象衛星には**可視赤外放射計**（AHI）が搭載されており、これで地球からの可視光線と赤外線を観測しています。走査鏡を北から南へと少しずつずらしながら、東西方向になぞるようにして光を観測します。観測結果は波長ごとに分けられ、電気信号の形で地上へと送られます。地上でこの電気信号を受信し、画像に変換することで、おなじみの気象衛星画像が得られます。

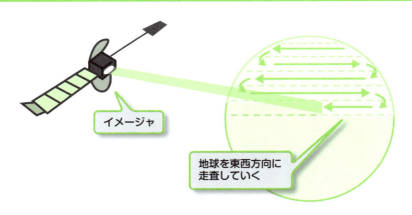

図2-1-2　静止気象衛星のしくみ

ひまわり9号には、可視光線3バンド（0.47μm、0.51μm、0.64μm）、近赤外線3バンド（0.86μm、1.6μm、2.3μm）、赤外線10バンド（3.9μm、6.2μm、6.9μm、7.3μm、8.6μm、9.6μm、10.4μm、11.2μm、12.4μm、13.3μm）の合計16バンドのセンサーが搭載されています。そのため観測の結果得られる気象衛星画像には、画像にする波長のちがいからいくつかの種類があります。よく使われるのは赤外画像、可視画像、水蒸気画像の3つです。

観測の頻度は**フルディスク観測**（衛星から見える範囲すべて）が10分ごと、日本付近などが2.5分ごととなっています。

これらの気象衛星画像を活用することで、地球規模での雲や水蒸気の広がり、動きを詳しく解析することができます。

2-1 気象衛星画像

図2-1-3 ひまわり9号による観測の概要

■可視赤外放射計の観測バンド

バンド番号	中心となる波長（μm）		水平解像度（km）
1	可視	0.47	1
2		0.51	1
3		0.64	0.5
4	近赤外	0.86	1
5		1.6	2
6		2.3	2
7	赤外	3.9	2
8		6.2	2

バンド番号	中心となる波長（μm）		水平解像度（km）
9	赤外	6.9	2
10		7.3	2
11		8.6	2
12		9.6	2
13		10.4	2
14		11.2	2
15		12.4	2
16		13.3	2

■観測種別と観測間隔

種別	観測範囲	観測間隔
フルディスク	衛星から見える地球全体	10分
日本域（領域1）	北東日本（固定）	約2.5分
日本域（領域2）	南西日本（固定）	約2.5分
機動観測	必要に応じて場所を変更	約2.5分

▶▶ 可視画像と赤外画像

　観測された可視光線を元に作成した画像を**可視画像**といいます。可視光線はわたしたちの目に見える波長の光のことで、可視画像はいわばふつうにカメラで写した写真と同じようなものです。ただし可視画像に元になる可視光線の正体は、地球に当たって反射した太陽光なので、夜は真っ暗になってしまいます。可視画像では雲の浮かぶ高さに関係なく、分厚い雲ほど白く写る傾向があります。

　地球から放射される赤外線を観測し、画像にしたものが**赤外画像**です。赤外線は昼夜問わず放射されるため、夜も雲の様子を見ることができます。「赤外線の強さは温度によって変化する」という性質を利用し、温度の低い部分ほど白く明るく表示されるようになっています。

　一般に雲は高いところにあるものほど温度が低くなるため、高いところにある雲ほど白く写ります。そのため巻雲など上空の薄い雲も白く表示されます。また発達した積乱雲も、雲のてっぺんは高いところにあるため、白く鮮明に表示されます。一方で温度が高い地面や海面は黒くなります。また低いところにある雲や霧、背の低い雲なども比較的温度が高いため黒っぽくなり、赤外画像でははっきり分かりにくい傾向があります。

2-1 気象衛星画像

図2-1-4　可視画像の例

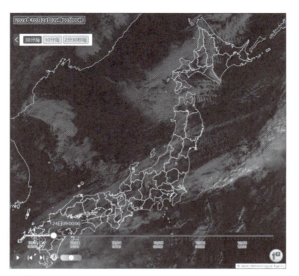

出典：気象庁ホームページより
※4色カラー版は、巻頭カラーページをご参照ください。

図2-1-5　赤外画像の例

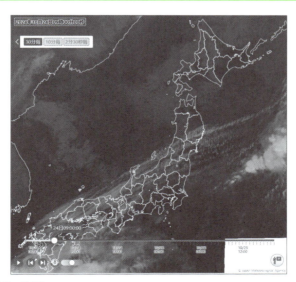

出典：気象庁ホームページより
※4色カラー版は、巻頭カラーページをご参照ください。

2-1 気象衛星画像

　この可視画像と赤外画像の写りかたのちがいから、おおまかな雲の種類や性質を推測することができます。例えば赤外画像・可視画像ともに白く鮮明な雲は積乱雲、可視画像ではっきり見えるけれど赤外画像で不鮮明な場合は低い雲や霧などという具合になります。

図2-1-6　可視画像と赤外画像のちがい

		可視画像	近赤外画像	赤外画像
観測対象	光の発生源	地表面や雲に当たって反射した太陽光		地表面や雲から放射される光
	主な波長帯	可視光線	近赤外光線	赤外線
バンド数		3	3	10
水平解像度		0.5〜1km	1〜2km	
特性	長所	・画像の解像度が高く、雲の種類や厚さなど細かく解析できる ・合成によりカラー画像を作成できる	・低いところにある雲や霧の解析に向く ・雲を構成する粒子の種類の解析に向く	・時間帯に関係なく利用できる ・上空の水蒸気量の解析に向く（水蒸気画像）
	短所	・夜間は真っ暗になる ・朝と夕方も暗くなる ・背の高い雲の影になるとその部分の雲が分かりにくいことがある	・夜間は真っ暗になる ・朝と夕方も暗くなる	・可視画像に比べるとやや解像度は落ちる ・低い雲はあまりはっきり写らない
	白く見える領域	雲や雪面など太陽光の反射が多いところ	バンドによって異なる。明るさは植生や雲の粒子の種類によって変わる	輝度温度が低く、高い雲ほど白く表示される。
雲などの見えかた	背の高い雲	白く輝く		白く輝く
	上層の薄い雲	白く写る		白く写る
	下層の低い雲	白く写る		暗く写る
	霧	白く写る		暗く写る

▶▶ 水蒸気画像

　水蒸気画像は赤外線バンドのうち6.2μm帯の波長の光を画像にしたもの、つまり赤外線の一部波長を使って作成された赤外画像の一種です。この波長の光を使うと水蒸気が多い場所（＝湿っている場所）は白く、反対に少ない場所（＝乾燥している場所）は黒く見えるため、対流圏中・上層の水蒸気の分布を確認するのに適しています。

　画像中、白く明るい場所を**明域**、黒く暗い場所を**暗域**、明域と暗域の境目を**バウンダリ**といいます。これらの分布は**水蒸気パターン**と呼ばれ、上空の大気の流れや湿り具合を把握するのに使われます。

図2-1-7　水蒸気画像の例

出典：気象庁ホームページより

▶▶ そのほかの画像

　気象衛星画像はふつう白黒ですが、0.47μm（青）、0.51μm（緑）、0.64μm（赤）と3つの可視光線バンドを合成することで、カラー画像が作成できるようになりました。

　また気象衛星画像（昼の領域は可視光0.64μm、夜の領域は赤外線10.4μmで表示）に、**雲頂高度**（雲のてっぺんの高さ）が高い部分をカラーで表示した**雲頂強調画像**もあります。これは赤外線バンド（10.4μm）のデータから雲頂高度を推定し、雲頂高度の高い雲を高度に応じて色づけしたものです。色づけされた領域のうち、赤みの強い部分は特に雲頂高度が高く、発達した背の高い積乱雲が含まれている可能性があります。

　それから黄砂や火山灰などの検出用に使われる**ダスト画像**（**DustRGB**）というのがあります。これは観測バンドのうち、12.4μmと10.4μmの差を赤（R）、10.4μmと8.6μmの差を緑（G）、10.4μmを青（B）として、RGB合成したもので、黄砂や火山灰がある部分はマゼンタ色（ピンクっぽい色）になります。

2-1 気象衛星画像

図2-1-8 雲頂強調画像の例

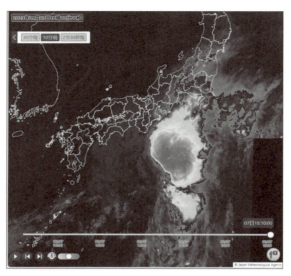

出典:気象庁ホームページより
※4色カラー版は、巻頭カラーページをご参照ください。

図2-1-9 ダスト画像の例

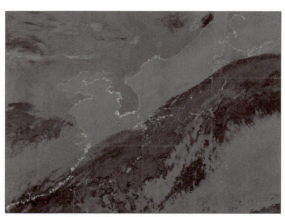

ダスト画像の見本

分厚く高い雲域	薄い巻雲	黄砂・火山灰
厚い中層雲	薄い中層雲	下層雲(高緯度)	下層雲(低緯度)
海	暖かい砂漠	冷たい砂漠	暖かい陸地	冷たい陸地

出典:気象庁ホームページより
※4色カラー版は、巻頭カラーページをご参照ください。

2-2

推計気象分布と天気分布予報

　日本列島における天気や気温の分布が今どうなっているのかを知ることができる情報が推計気象分布です。そして天気分布予報は、天気や気温、降水量の分布が今後どのように変化していくのかを把握するのに役立ちます。

▶▶ 推計気象分布

　推計気象分布は、さまざまな観測データを元に天気や気温、日照時間の分布を計算して、地図にしたものです。計算結果は1時間ごとに1kmメッシュ単位で表示されるので、観測地点と観測地点の間のいわゆる「空白域」も含めた天気や気温、日照時間の広がりを細かく把握することができます。

　天気は晴、曇、雨、雨か雪、雪の5種類です。晴と曇は気象衛星画像（➡2-1：30ページ）を、降水の有無は解析雨量（➡2-5：55ページ）を元にしています。また気温の推計気象分布から雨雪の判別が行われています。

　気温は0.5℃ごとに表示されます。アメダス（➡2-3：43ページ）の観測値などを元にして、さらに標高による気温のちがいなども考慮した上で算出されています。

　日照時間は「前1時間の日照時間」です。例えば9時の日照時間の推計気象分布といった場合は、8時から9時までの1時間のうちで日照があった時間を指します。0.2時間（＝12分）ごとに表示されます。気象衛星画像を元に算出されます。

日照時間に関する情報は、アメダスから推計気象分布に代わりました。
（→p44参照）

2-2 推計気象分布と天気分布予報

図2-2-1 推計気象分布（天気）の例

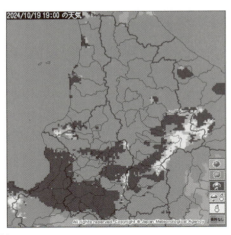

出典：気象庁ホームページより

> **Check!** 2024年10月19日19時の天気の推計分布。峠など標高の高い場所で雪に変わりつつあるのが分かる。

図2-2-2 推計気象分布（気温）の例

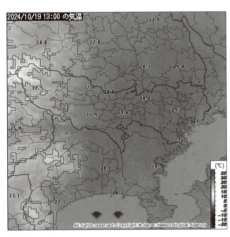

出典：気象庁ホームページより

> **Check!** 2024年10月19日13時の気温の推計分布。数字はアメダスの観測値。推計気象分布を見ることで、観測点と観測点の間の空白域の気温の状況を推定できる。

2-2 推計気象分布と天気分布予報

図2-2-3 推計気象分布（日照時間）の例

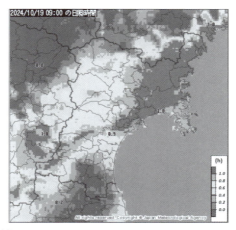

出典：気象庁ホームページより
※4色カラー版は、巻頭カラーページをご参照ください。

> Check! 2024年10月19日9時の日照時間の推計分布。数字はアメダスの観測値。日照の状況、つまり晴れている場所の広がりが分かる。

▶▶ 推計気象分布利用時の注意事項

　推計気象分布は実際の観測データを元に計算されていますが、完全な実測値ではなく、コンピューターによって計算された解析値である点には留意が必要です。

　レーダーに非降水エコーが写り込んだ場合、それが反映されて、実際には降っていないのに雨や雪と判定されてしまうことがあります。

　また日の出・日の入り前後の時間帯は、気象衛星画像で低い雲を検出するのが難しいことがあり、この影響が反映されてしまうことがあります。つまり朝と夕方、実際は曇なのに晴と判定されてしまうことがあります。

　その他、太陽自動回避（春分・秋分期）やメンテナンスなど、さまざまな理由から気象衛星観測のデータが届かないことがあり、その場合推計気象分布にも影響が出ることがあります。

天気分布予報

　天気や気温、最高・最低気温、降水量、降雪量の予想を5kmメッシュごとに表した予想図を**天気分布予報**といいます。今日明日あさっての天気予報と同様に、毎日3回(5時、11時、17時)発表されます。

　天気は3時間ごとに、メッシュ内で予想される代表的なものについて、晴、曇、雨、雨か雪、雪のどれかで表されます。気温は3時間ごとに、メッシュ内の平均気温が1℃単位で表されます。降水量(雨だけではなく雪などの固形降水も含む)は3時間降水量、降雪量は3時間降雪量で、それぞれメッシュ内の平均値が表されます。

図2-2-4　天気分布予報(天気)の例

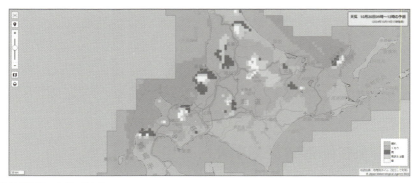

出典：気象庁ホームページより

図2-2-5　天気分布予報(最高気温)の例

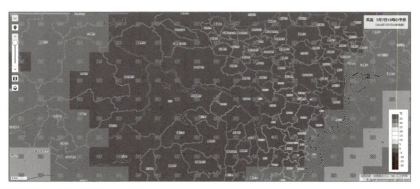

出典：気象庁ホームページより
※4色カラー版は、巻頭カラーページをご参照ください。

2-2 推計気象分布と天気分布予報

図2-2-6 天気分布予報（3時間降水量）の例

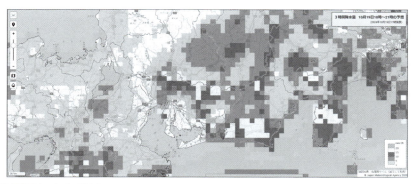

出典：気象庁ホームページより

　天気分布予報は天気や気温、降水量などのおおまかな広がりや時間ごとの変化を確認するのに最適です。高気圧や低気圧、前線など一定の広がりを持って変化する天気は、ある程度の精度で見ることができます。
　それから気温の予想を把握したいときにも役立ちます。
　夏場、猛暑が予想されるときは、特に気温が高くなると想定される範囲を細かく知ることができます。また冬の朝、冷え込みが特に厳しくなりそうな範囲を把握することができます。もちろん予測値には誤差があるため、ぴったり数字どおりにいかない可能性はあるものの、予想気温の分布傾向を見るのには適しています。
　一方で局地的な要素（いわゆるゲリラ豪雨など）が強いときは、天気や降水量の予想はその通りにならないことも多いので、あくまで参考程度にします。このようなときの天気分布予報は、晴や曇、雨が複雑に入り混じっている、降水量の予想値にかなりムラがあるなどの傾向が見られます。

第2章　現在の気象状況を知る方法

2-2 推計気象分布と天気分布予報

図2-2-7 にわか雨が予想されるときの天気分布予報例

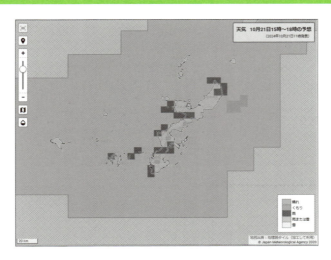

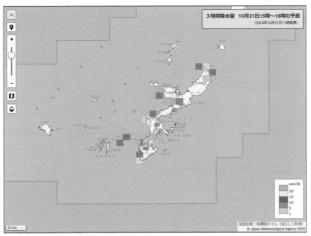

出典：気象庁ホームページより

> **Check!** 天気の分布予想（上）、で晴れの中に雨の領域が複雑に混じっている。一方、同時刻の3時間降水量の分布予想（下）でも降水量の多いところと少ないところのムラが大きくなっている。変わりやすい天気であることを表すサインで、このような場合の予想値はあまりあてにならない。

2-3

アメダス

　気温や風、降水量、湿度、積雪深といった、地上観測を自動で行い、リアルタイムで配信するためのシステムがいわゆるアメダスです。ここではアメダスに関する基本的なことを確認していきたいと思います。

▶▶ アメダスは略称

　全国各地の地上の気温や風、降水量などを自動で観測し、データをリアルタイムで収集するためのシステムを**地域気象観測システム**といいます。英語表記はAutomated Meteorological Data Acquisition Systemで、その略称である**アメダス（AMeDAS）**という呼び名がよく知られています（本書でも断りがないかぎりアメダスと表記します）。

　観測地点は全国に約1300か所あり、観測データは通信ネットワーク経由でセンターシステムに集められ、異常データが混じっていないかなどの**自動品質管理**（AQC）が行われた後に必要な場所へと配信されていきます。

図2-3-1　アメダスのデータ収集の流れ

図2-3-2 アメダスの例

▶▶ アメダスの観測項目

2021年3月にアメダスの観測項目が変更され、新たに湿度計による湿度（相対湿度）の観測が開始されました。同時にアメダスでの日照計を使った日照時間の観測は終了となりました。そのため現在アメダスで機器を使って観測しているのは降水量、気温、風向風速、湿度、積雪深です。このうち降水量、気温、風向風速、湿度の4つを**アメダスの4要素**といいます（2021年3月以前のアメダスの4要素は降水量、気温、風向風速、日照時間）。

図2-3-3 アメダスの観測項目

		観測機器	観測地点数	備考
アメダスの4要素	降水量	転倒ます型雨量計	1285	雪などの固形降水は融かして水にした状態で観測
	気温	電気式温度計	915	
	風向風速	超音波式風速計	915	前10分間の平均値
	湿度	電気式湿度計	588	相対湿度（一般に湿度と呼ばれているもの）
	積雪深	光電式積雪計	333	

※観測地点数は2024年4月現在。臨時観測所（1地点）・気象官署等（155地点）含む

なお2021年3月の変更に伴い、風向風速の観測機器が風車式風向風速計から超音波式風速計へと更新されました。

　全国に約1300か所ある観測地点のうち、**4要素観測所**（降水量、気温、風向風速、湿度）は687か所あり、2024年10月時点で湿度を観測しているのは433か所です。また雪の多い地域を中心に333か所で積雪深の観測も行っています。

　現在、日照時間の情報は、気象衛星観測を元にした推計気象分布（日照時間）という形で提供されています。

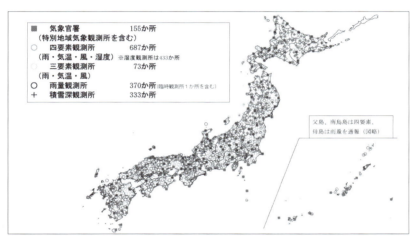

図2-3-4　アメダス観測網

出典：気象庁ホームページより

降水量は約17km間隔で、風向風速、気温、湿度は約21km間隔で観測されています。

2-3 アメダス

▶▶ 地上気象観測網

　全国に約60か所ある気象官署（気象台や測候所など）では、地上における気温や湿度、降水量、風向風速、気圧、日照時間などさまざまな項目の**地上気象観測**を行っています。現在、ほとんどの気象官署で**地上気象観測装置**による自動観測化が進んでいます。

　ただし東京（気象庁）と大阪（大阪管区気象台）では、技術継承などの理由から、従来の目視観測（雲や大気現象などの項目）も続けられています。

　アメダスや地上気象観測所で観測された地上気象観測データは、過去のものも含めすべて気象庁ホームページで見ることができます。

図2-3-5　地上気象観測網

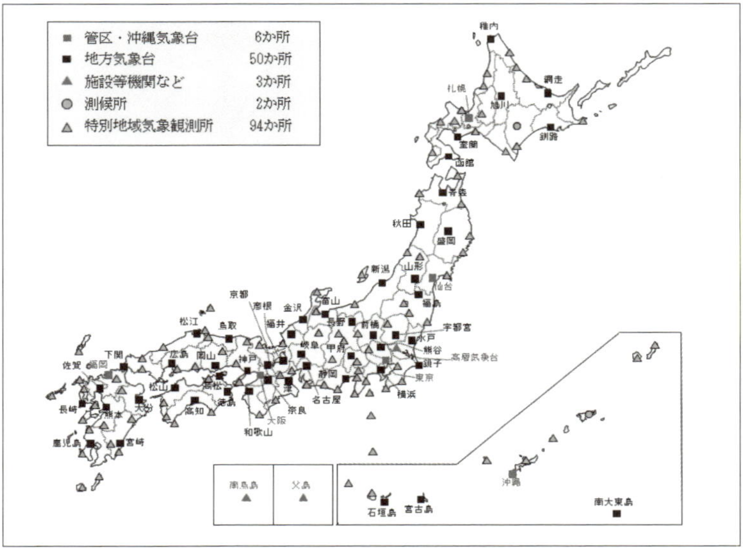

記号	種別	か所数
■	管区・沖縄気象台	6か所
■	地方気象台	50か所
▲	施設等機関など	3か所
◎	測候所	2か所
△	特別地域気象観測所	94か所

出典：気象庁ホームページより

COLUMN　観測データの品質に関する付加情報

　アメダスや地上気象観測によって得られた観測データ、それから観測データを元に作成された統計データは、データの品質に応じて大きく5つに分類されます。

　準正常値は観測結果にやや疑問がある、あるいは統計するのに必要な資料が許容範囲内で欠けているなどしたものです（8割以上揃っている状態が目安）。原則として正常値と同じように扱われます。

　資料不足値は統計するのに必要な資料が許容範囲を超えて大幅に欠けている状態で、原則として統計処理には使われません。

　疑問値はかなりの疑問がある観測値で、欠測と同じように扱います。

　欠測は観測休止または機器の故障などの理由でデータが得られない場合です。

図2-3-6　観測データの品質

	説明	記号	備考
正常値	正常に観測、統計された値	なし	
準正常値	観測結果にやや疑問あり。 統計にあたり資料が少し欠けているものの許容範囲内。	）	原則として 正常値扱い
資料 不足値	観測値は期間内の資料が揃っていない。 統計値は統計にあたり資料が許容範囲を超えて欠けている。	］	ふつう統計には 使わない
疑問値	かなりの疑問がある観測値。 統計値には使われていない。	#	統計には使わず 欠測扱い
欠測	観測休止、機器の故障等で観測値・統計値ともに得られない。	×	

出典：『気象観測統計の解説』（気象庁2024改訂版）を元に作成

自動観測を行っている場所では、晴れ／曇、雨／みぞれ／雪、雷の有無についてはさまざまな観測データを組み合わせた判別が行われています。

2-4
ナウキャスト

降水の強さ、発雷の状況、竜巻などの激しい突風の発生しやすさを、ほぼリアルタイムで知ることができるのが、降水、雷、竜巻発生確度の3つのナウキャストです。ここではナウキャストについて詳しく紹介します。

▶▶ 気象レーダーによる観測

　天気予報などでおなじみの雨雲レーダーは、気象レーダーによる観測結果を画像化したものです。気象レーダーから発射された電波は、雨粒や雪片にぶつかると反射して返ってきます。発射した電波が返ってくるまでの時間を元に降水域の位置が、返ってきた電波の強さから降水の強さが分かります。

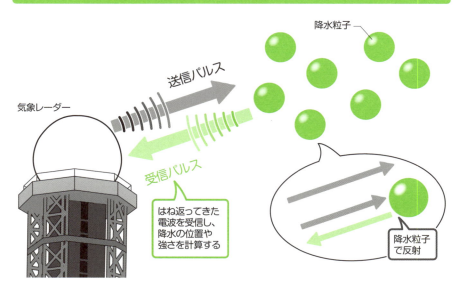

図2-4-1　気象レーダーのしくみ

現在導入されている気象レーダーは**ドップラーレーダー**と呼ばれるものです。ドップラー効果の影響で、観測点に近づく方向に動く雨粒からはね返ってきた電波は周波数が高くなり、遠ざかる方向に動く雨粒からはね返ってきた電波は周波数が低くなります。

ドップラーレーダーはこの性質を利用したもので、電波の周波数の変化から雨粒などの動き（＝雲の中で吹く風の状況）を観測することができます。

図2-4-2　気象ドップラーレーダーのしくみ

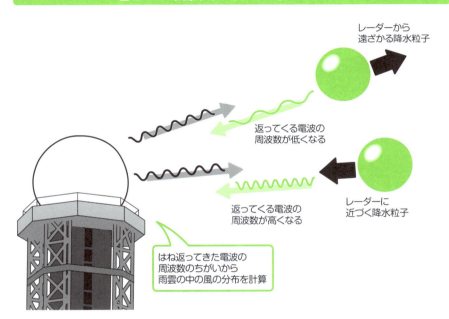

また2020年3月からは、上下方向に振動する電波（**垂直偏波**）と、左右方向に振動する電波（**水平偏波**）の2つを利用した**二重偏波気象ドップラーレーダー**が導入されています。これを使うことで雲の中にある降水粒子の種類（雨粒、雪片、雹）や降水の強さを推定することができるようになりました。

気象レーダーは2024年3月現在全国20か所に設置されていて、うち14か所は二重偏波気象ドップラーレーダーです。

2-4 ナウキャスト

図2-4-3 二重偏波気象ドップラーレーダーのしくみ

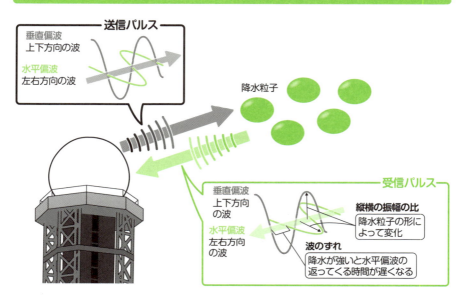

図2-4-4 気象レーダー観測網

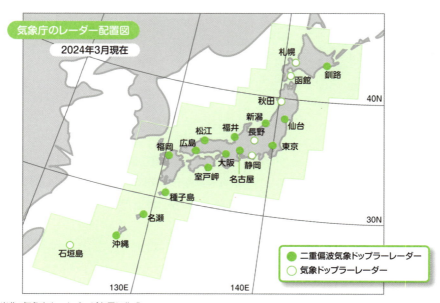

出典：気象庁ホームページを元に作成

▶▶ 降水ナウキャスト

降水ナウキャストは、いわゆる雨雲レーダーのことで、降水の強さと広がり、今後の動きをリアルタイムで確認することができます。

実況(現在の状態)は、気象レーダーなどから得られたデータを元に、降水の強さと広がりを5分ごとに解析したものです。その解像度は、陸上と陸に近い海上で250mメッシュ、それ以外の海上で1kmメッシュとなっています。

図2-4-5 降水ナウキャスト(実況)の例

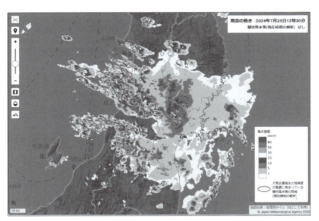

出典:気象庁ホームページより

予測は5分ごとに1時間先まで計算されます。予測の解像度は30分先までが250mメッシュ、35分先〜60分先が1kmメッシュとなっています。

ただし降水ナウキャストで表示されるのは、実際に降った1時間降水量ではなく、あくまで瞬間的な降水の強さ(**降水強度**)です。降水ナウキャストで30〜50mmとなっている範囲は、このままの強さで1時間降り続いたら1時間降水量が30〜50mmになる、という意味です。1時間降水量の分布を知りたいときは解析雨量(➡2-5:55ページ)を見るようにします。

2-4 ナウキャスト

図2-4-6 降水ナウキャスト(予測)の例

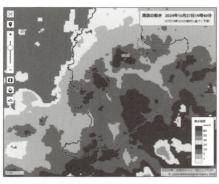

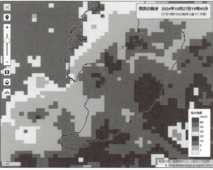

※上が30分先まで予測、下が35分～60分先の予測です。
出典：気象庁ホームページより

▶▶ 雷ナウキャスト

　気象庁は発雷の状況を観測するために**雷監視システム**(LIDEN：LIghtning DEtection Network system)を運用しています。

　雷監視システムは航空分野で使われているもので、全国30か所の空港に配置された**検知局**と、東京にある**中央処理局**からなります。雷に伴って発生する電磁波を各検知局で検知し、そのデータを中央処理局に集めて解析します。解析によって雷の発生時刻と場所、放電のタイプ(対地放電か雲放電か)が分かり、これらの情報は航空気象官署を経由して航空会社へと提供されています。

　雷ナウキャストは、この雷監視システムと気象レーダーなどから得られた情報を元に、雷の活動状況を4段階の活動度で表したものです。1kmメッシュ単位で10分ごとに解析が行われ、実況および、1時間先までの予測(10分間隔)が分布図形式で示されます。

2-4 ナウキャスト

図2-4-7 雷ナウキャストの例

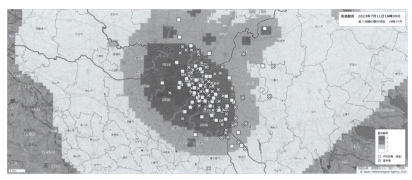

出典：気象庁ホームページより

　活動度1（雷可能性あり）は現在発雷していないものの今後雷が発生する可能性がある領域です。活動度2（雷あり）は今後落雷の発生する可能性が高い領域、活動度3（やや激しい雷）は落雷が発生している領域、活動度4（激しい雷）は落雷が多発している領域です。

図2-4-8 雷活動度のカテゴリ

活動度	雷の活動状況	
	キーワード	説明
4	激しい雷	落雷が多発している。
3	やや激しい雷	落雷あり。
2	雷あり	稲光や雷鳴がある。 落雷の可能性が高い。
1	雷可能性あり	現在、雷はない。 今後、落雷の可能性あり。

▶▶ 竜巻発生確度ナウキャスト

　発達した積乱雲の近くでは、竜巻などの激しい突風（➡3-3：80ページ）が発生する可能性があります。しかしこれらの激しい突風は破壊力の強さとは裏腹に、規模は小さくて気象観測でとらえるのは不可能です。そこで気象レーダーなどの情報を元に「激しい突風の発生しやすさ」を計算し、それを**竜巻発生確度**として表現しています。

2-4 ナウキャスト

　竜巻発生確度の解析・予測の状況を分布図の形で表したものを、**竜巻発生確度ナウキャスト**といいます。竜巻発生確度は10kmメッシュ単位で解析され、実況（現在の状態）と、1時間先までの予測（10分間隔）で表されます。

図2-4-9　竜巻発生確度ナウキャストの例

出典：気象庁ホームページより
※4色カラー版は、巻頭カラーページをご参照ください。

　竜巻発生確度は発生確度1と発生確度2の2段階で表示されます。激しい突風が実際に発生する確率は、発生確度1で1～7%程度、発生確度2で7～14%程度とされます。また捕捉率（実際に起きた激しい突風を見落とさずに捕捉できた確率）は、発生確度1で80%程度、発生確度2で50～70%です。

図2-4-10　竜巻発生確度のカテゴリ

発生確度	適中率（%）	捕捉率（%）	説明
2	7～14	50～70	竜巻注意情報発表基準
1	1～7	80	激しい突風が発生する可能性あり

2-5 解析雨量と降水短時間予報

正確できめ細やかな雨量分布は、大雨災害対応に欠かせない重要な情報のひとつです。しかし雨量計による観測だけでは得られる情報に限界があります。そこで導入されたのが雨量計とレーダーを組み合わせた解析雨量です。

▶▶ 解析雨量

土砂災害や河川はん濫など、大雨災害で重要になるのがこれまでに降った雨量の分布、そして今後予想される雨量の分布です。

アメダスの観測地点では雨量計を用いた観測が行われており、その地点における雨量とその推移を正確に知ることができます。しかしこれは「点の情報」で、観測地点と観測地点の間の状況を詳しく知ることができません。一方の気象レーダー観測では、雨の強さと雨雲の広がりを「面の情報」として知ることができます。しかしレーダーで得られる情報はあくまで瞬間的な「雨の強さ」なので、これだけで実際の雨量を把握するのは困難です。

図2-5-1 解析雨量のイメージ図

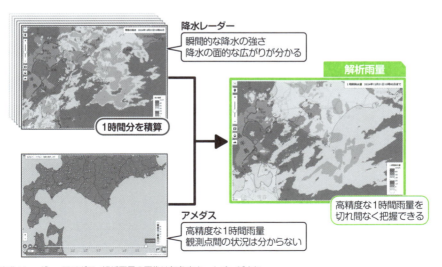

出典：レーダー、アメダス、解析雨量の画像は気象庁ホームページより

2-5 解析雨量と降水短時間予報

　そこで、気象レーダーの「面的な情報」、雨量計観測の「点だけど正確な情報」、それぞれの観測データを組み合わせて、コンピューターで1時間雨量の分布を計算したものが**解析雨量**です。解析雨量の解像度は1kmメッシュで、30分ごとに発表されます。解析処理等に時間を要することから、実際の発表は解析時刻の15分程度後になります。例えば15時30分の解析雨量（14時30分〜15時30分までの1時間雨量の分布）が発表されるのは、その15分後の15時45分ごろになります。

図2-5-2　解析雨量の例

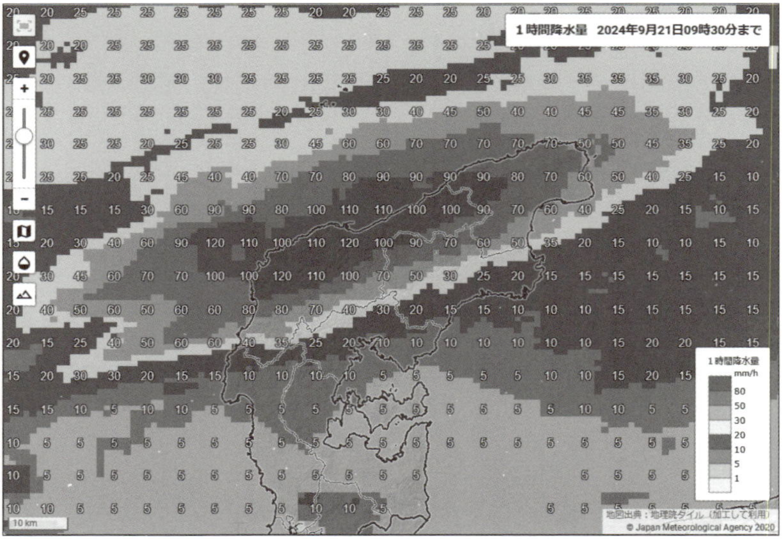

出典：気象庁ホームページより
※4色カラー版は、巻頭カラーページをご参照ください。

　解析雨量は、降水短時間予報はもちろん、土壌雨量指数、流域雨量指数、表面雨量指数の計算にも使われます。これらの3つの指数は警報などの防災気象情報の発表基準にもなっています。

　2017年7月からは、これまでの30分ごとの解析雨量に加え、10分ごとの速報版解析雨量の運用が開始されました。これについては後で詳しくお話しします。

56

▶▶ 降水短時間予報

降水短時間予報は、10分刻みで6時間先までの1時間雨量分布を予報したものです。解像度は1kmメッシュです。

図2-5-3　降水短時間予報の例

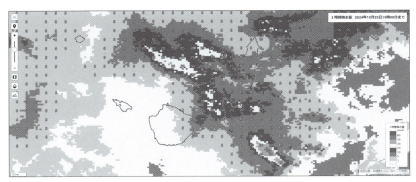

出典：気象庁ホームページより

まず直近の降水レーダーと**雨量換算係数**（後述）を使い、予報の元となる初期値を作成します。そして過去の解析雨量から地点ごとの雨域の動きを計算し、その動きを初期値に当てはめる方法をベースとしています。その際に雨域の発達・衰弱の傾向や、地形の影響も計算されています。さらに予報の後半では数値予報の予測結果も反映させています。とはいえ、予報時間が先になるにつれどんどん精度が下がっていくので、常に最新の予報を確認する必要があります。

さらに数値予報モデルのうち、メソモデル（MSM）と局地モデル（LFM）を組み合わせる形で作成された**降水15時間予報**も発表されています。降水15時間予報は7時間先から15時間先までの1時間雨量の分布が5kmメッシュで表されています。

2-5 解析雨量と降水短時間予報

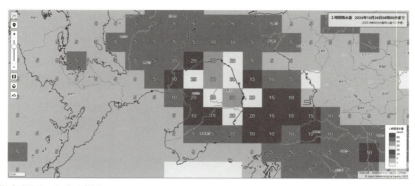

図2-5-4 降水15時間予報の例

出典：気象庁ホームページより

　2018年3月からは、これまでの30分ごとの降水短時間予報に加え、10分ごとの速報版降水短時間予報の運用が開始されました。

▶▶ 速報版解析雨量と速報版降水短時間予報

　解析雨量と降水短時間予報はもともと30分ごとに更新されていましたが、解析雨量は2017年7月から、降水短時間予報も2018年3月からは10分ごとになっています。この新たに追加された10分ごとの情報をそれぞれ**速報版解析雨量**、**速報版降水短時間予報**といいます。これに対し従来からの30分ごとに提供される情報を**正規版解析雨量**、**正規版降水短時間予報**ということがあります。

図2-5-5 速報版と正規版の関係

2-5 解析雨量と降水短時間予報

　速報版解析雨量は、観測値入手と情報更新のタイミングの関係から、正規版解析雨量とは計算方法が異なります。まず50分間の雨量を解析雨量（正規版解析雨量）と同じ方法で計算します。残りの10分間の部分は、まず10分前までのレーダーと雨量計の関係（雨量換算係数）を計算します。そして最新のレーダーデータが入り次第、計算しておいた雨量換算係数を使って、残り10分間の解析雨量を計算します。

　50分間解析雨量と10分間解析雨量を合算し、速報版解析雨量としています。

　なお**雨量換算係数**は、レーダーの1時間積算値を実際の1時間降水量分布に補正するための数値で、雨量計の観測データを使って計算されます。雨量換算係数は決まった数値ではなく、その都度計算して求められます。

図2-5-6　速報版解析雨量の作成方法

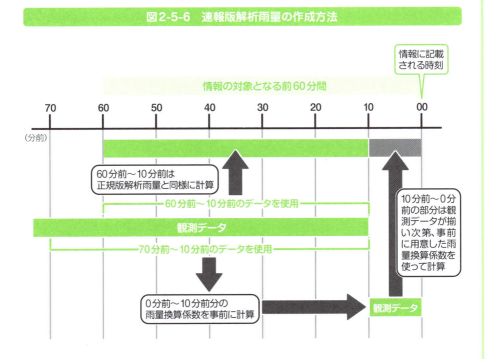

　速報版降水短時間予報は、降水短時間予報をより高頻度かつ迅速に提供できるようにしたものです。降水短時間予報と同じ予測手法をベースとしていますが、計算に速報版解析雨量が使われるため、精度は若干低くなります。速報版降水短時間予報の数値は土壌雨量指数の計算にも使われています。

2-6 雪の状況を知らせる情報

2019年11月21日より解析積雪深と解析降雪量、2021年11月10日より降雪短時間予報の提供が開始されました。これらの情報は、雪による交通などへの影響を判断し、早めに対応するために活用されています。

▶▶ 解析積雪深と解析積雪量

現在気象庁は、雪の多い地域を中心に333か所で積雪深（積雪の深さ）の観測を行っています。これらの観測値は実測なため正確ではありますが、観測地点と観測地点の間の情報までは分からず、また観測空白域となっている場所も多く存在します。一方で雪の積もりかたは局地性が強く、同じ市町村内でも積雪の深さが地区によって大きく異なるということも珍しくありません。そのため大雪災害に対応するためには、積雪深を細やかに把握する必要があり、そのニーズに応えるために提供されているのが**解析積雪深**です。

図2-6-1　解析積雪深の例

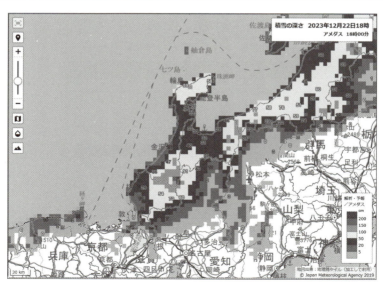

出典：気象庁ホームページより

2-6　雪の状況を知らせる情報

　解析積雪深は、1時間ごとに5kmメッシュ単位で積雪深を計算し、その分布図を示したものです。解析積雪深の作成には**積雪変質モデル**が使われています。これは積雪の深さの変化を計算するためのモデルで、新たに降り積もるぶん、融けていくぶん、時間とともに圧縮されて沈んでいくぶんなどを考慮してつくられています。

　この積雪変質モデルに、解析雨量や局地数値予報モデル（LFM）などのデータ（降水量、気温、日射量など）を当てはめて積雪深の分布を計算します。さらに計算結果をアメダスの観測値（積雪深）で補正し、それを解析積雪深として発表しています。

　この解析積雪深を元に、積雪深が時間あたり何cm増えているかを計算し、分布図にしたものが**解析降雪量**です。解析降雪量は増加量のみを表しているので、解析積雪深が変化していない、あるいは減少している場合は0となります。

図2-6-2　解析降雪量の例

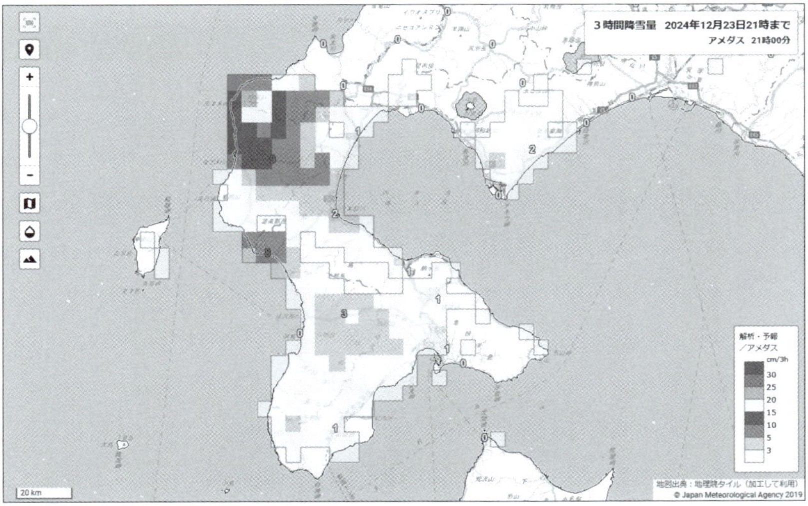

出典：気象庁ホームページより
※4色カラー版は、巻頭カラーページをご参照ください。

2-6 雪の状況を知らせる情報

　解析降雪量の数値が特に大きいときは、雪の降りかたが強く、積雪が急増している…つまりドカ雪のような事態になっていることを示します。短時間で状況が悪化し、あっという間に身動きが取れなくなるおそれがあるため、不要不急の外出を避けるなどの対応が必要です。

▶▶ 短時間降雪予報

　1時間ごとの積雪深と降雪量を6時間先まで予測したものを**降雪短時間予報**といいます。情報は1時間ごとに更新され、解析積雪深・解析降雪量と同様の5kmメッシュ単位で予測しています。降雪短時間予報のうち積雪深の予測は、最新の解析積雪深を初期値とし、積雪変質モデルに降水短時間予報や局地数値予報モデル（LFM）などの数値を当てはめて計算されます。降雪量の予測は、積雪深の増加量（積雪が何cm増えるか）を表しており、今後積雪が増えないか減少が予測される場合は0となります。

図2-6-3　降雪短時間予報の例

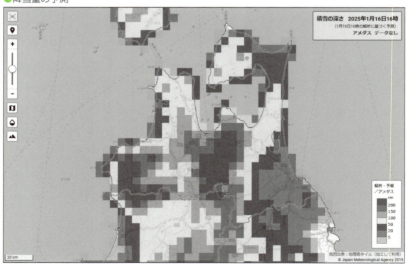

●降雪量の予測

2-6 雪の状況を知らせる情報

●積雪深の予測

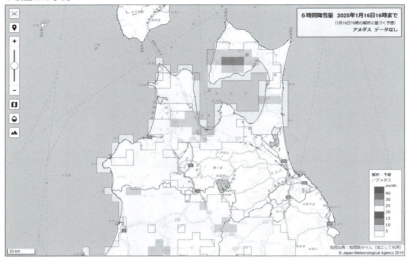

出典：気象庁ホームページより

▶▶ 情報利用時の留意事項

　先にお話ししたとおり、雪の積もりかたは局地性が強いため、現在提供されている5kmメッシュ単位でも細かいところまで再現できていない可能性があります。また降雪量の数値は少なめに出る傾向があります。それから、以下のような条件の時は、情報の精度が低くなる可能性が指摘されています。

・風が強くて雪が流されるように降るとき
・地上の気温が1～3℃程度で雨か雪か微妙なとき　など

冬季、積雪地に出かける時は、必ず冬タイヤを着用し、万一立ち往生に巻きこまれたときに備え、毛布、1両日しのげる程度の飲み物や携行食があると安心です。また気象情報や道路交通情報をこまめにチェックし、無理のない旅程を立てるようにしましょう。

防災気象情報

　気象災害が発生、あるいは予想されるとき、その命綱のひとつとなるのが各種防災気象情報です。これらの防災気象情報をうまく使いこなすことで、適切な防災行動を取ることができます。ただ防災気象情報は種類・情報量とも膨大です。その中から必要な情報を取り出すためには防災気象情報のことを知っておく必要があります。本章では防災気象情報の種類と特性、活用方法を紹介していきます。

3-1

気象情報と早期注意情報

気象情報は気象庁から発表される文章や図表形式の解説情報で、注意警戒が必要な現象について分かりやすく説明されています。また今後警報基準に達するような雨や風などが予想されるときは早期注意情報による呼びかけも行われています。

▶▶ 気象情報

気象情報は、気象に関するさまざまな情報を文章や図表形式でまとめたもので、気象庁が必要に応じて随時発表しています。防災対応が必要な現象が予想される、あるいは実際に発生しているとき、警報や注意報などの防災気象情報を詳しくフォローアップする役割があります。

警報・注意報等発表時は、その現象が今どうなっているか、今後どうなると予想されているか、どのようなことに注意する必要があるかなどについて、詳しく説明しています。「○○で経験したことのないような大雨になっている」など、危険度が急激に高まっているときに、その旨を速報的に伝えるために発表されることもあります。

また今は平穏でも今後災害が発生するような気象状況が予想されるとき、注意報・警報に先がけて、早めの備えを呼びかけるために発表される場合もあります。

それから長雨や少雨、高温など、平年とは大きくかけ離れた天候が長く続いて、社会的に影響が大きいと考えられる場合も気象情報という形で発表されます。

気象情報が対象とする現象はさまざまで、大雨、大雪、強風・暴風、暴風雪、高波、雷、降ひょう、突風、少雨、長雨、低温、高温、黄砂などが挙げられます。また、「大雨と雷及び突風に関する…」などのようにいくつかの現象を組み合わせた形で発表されることも珍しくありません。

そのほか、梅雨入り・梅雨明けも「梅雨の時期に関する気象情報」として気象情報の形で発表されています。

図3-1-1　気象情報（図表形式）の例

台風第１９号に関する東京都気象情報 第１６号
令和元年１０月１２日２１時３５分 気象庁予報部発表

東京地方では、これまでに経験したことのないような大雨となっている所があります。台風は、これから１２日夜遅くにかけて、東京地方に最も近づく見込みです。土砂災害、低い土地や地下施設の浸水、河川の増水や氾濫に最大級の警戒を続けてください。

今後発表する台風情報、特別警報や警報、注意報、気象情報、竜巻注意情報に留意してください。
次の「台風第１９号に関する東京都気象情報（文章形式）」は、１２日２３時頃に発表する予定です。

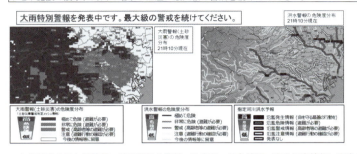

出典：情報は気象庁提供

図3-1-2　気象情報（文章形式）の例

大雨と雷及び突風に関する全般気象情報　第３号

2024年11月01日16時35分　気象庁発表

西日本では２日にかけて、東日本では２日から３日にかけて土砂災害、低い土地の浸水、河川の増水や氾濫に警戒し、九州北部地方は２日は土砂災害に厳重に警戒してください。また、落雷や竜巻などの激しい突風に注意してください。

［気象概況］
前線が東シナ海から九州南部付近にかけて停滞しています。また、前線の南側には台風第21号があって、東シナ海を北上しています。西日本では、強い雨の降っている所があります。
台風第21号は、1日夜には東シナ海で温帯低気圧に変わりますが、台風から変わった低気圧が、前線を伴って東シナ海を東北東に進むでしょう。また、2日は前線上の西日本で別の低気圧が発生し、3日はじめにかけて東日本を通過する見込みです。
低気圧や前線に向かって、台風第21号を起源とする暖かく湿った空気が流れ込むため、西日本や東日本では大気の状態が非常に不安定となるでしょう。

3-1 気象情報と早期注意情報

[雨の予想]

西日本では2日にかけて、東日本では2日から3日にかけて、雷を伴った非常に激しい雨が降り、大雨となる所があるでしょう。

1日18時から2日18時までに予想される24時間降水量は多い所で、

関東甲信地方	150ミリ
北陸地方	120ミリ
東海地方	180ミリ
近畿地方	150ミリ
中国地方	150ミリ
四国地方	250ミリ
九州北部地方	250ミリ
九州南部	180ミリ

[防災事項]

西日本では2日にかけて、東日本では2日から3日にかけて土砂災害、低い土地の浸水、河川の増水や氾濫に警戒し、九州北部地方は2日は土砂災害に厳重に警戒してください。落雷や竜巻などの激しい突風に注意してください。発達した積乱雲の近づく兆しがある場合には、建物内に移動するなど、安全確保に努めてください。また、降ひょうのおそれがありますので、農作物や農業施設の管理にも注意してください。

[補足事項]

地元気象台の発表する防災気象情報に留意してください。次の「大雨と雷及び突風に関する全般気象情報」は2日5時頃に発表する予定です。

出典：情報は気象庁提供

図3-1-3　危険度の高まりを速報的に伝える気象情報の例

記録的な大雨に関する東北地方気象情報　第7号
2024年07月25日13時05分　仙台管区気象台発表

山形県に大雨特別警報を発表しました。山形県の庄内を中心に、これまでに経験したことのないような大雨となっています。何らかの災害がすでに発生している可能性が高く、警戒レベル5に相当します。命の危険が迫っているため、直ちに身の安全を確保しなければならない状況です。最大級の警戒をしてください。

出典：情報は気象庁提供

3-1 気象情報と早期注意情報

図3-1-4 梅雨入り・梅雨明けに関する気象情報の例

梅雨の時期に関する九州南部・奄美地方気象情報 第4号

平成26年7月16日11時00分 鹿児島地方気象台発表

九州南部は梅雨明けしたと見られます。

九州南部は、高気圧に覆われて広く晴れています。向こう一週間も、にわか雨の降る日はありますが、太平洋高気圧に覆われて晴れる日が多い見込みです。
このため、九州南部は7月16日ごろに梅雨明けしたと見られます。

[参考事項]
平年の梅雨明け　九州南部　7月14日ごろ
昨年の梅雨明け　九州南部　7月8日ごろ

梅雨期間降水量　九州南部（6月2日から7月15日まで）（速報値）

	降水量（ミリ）	平年値（ミリ）
延岡	923.5)	480.8
阿久根	746.0	548.1
鹿児島	914.0	616.1
都城	1023.5	617.9
宮崎	766.0	564.9
枕崎	816.5	542.9
油津	877.0	575.3
屋久島	1412.5	892.6
種子島	908.0	554.2

（記号の説明）
）：欠測を含みます。

（注意事項）
・梅雨は季節現象であり、その入り明けは、平均的に5日間程度の「移り変わり」の期間があります。
・梅雨の時期に関する気象情報は、現在までの天候経過と1週間先までの見通しをもとに発表する情報です。後日、春から夏にかけての実際の天候経過を考慮した検討を行い、その結果、本情報で発表した期日が変更となる場合があります。

出典：情報は気象庁提供

第3章 防災気象情報

3-1 気象情報と早期注意情報

▶▶ 気象情報の種類

気象情報には**全般気象情報**、**地方気象情報**、**府県気象情報**の3つの種類があります。

全般気象情報は全国を対象にしたもので気象状況の概要と注意警戒が必要な地域・時間を俯瞰して見ることができます。

地方気象情報は、全国を11の地方に分割した地方予報区単位で発表される情報です。それぞれの地域に向けた内容が記されています。

府県気象情報は原則都道府県単位で発表されるもので、より詳しい情報を見ることができます。北海道などではより細分化された地域単位で発表されています。

▶▶ 早期注意情報

警報は重大な災害が起こるおそれがあるときに発表される、とても重い情報です。5日先までの間に、警報の基準に達するような現象（＝**警報級の現象**）が起きる可能性があるとき、それを事前に伝えるための情報が**早期注意情報**です。

警報級の現象が起きる可能性について、[高]（発生する可能性が高い）、[中]（発生する可能性あり）の2段階で表されます。また「翌日までの期間」と「2日先〜5日先の期間」とで発表のしかたや内容が若干異なります。

翌日までの早期注意情報は、ふつうの天気予報に合わせて1日3回（5時、11時、17時）に発表されます。台風や低気圧、前線といった規模の大きな現象だけでなく、線状降水帯などの比較的規模の小さな現象も対象となります。

翌日までの期間に[高]となっている場合は、すでに警報、あるいは警報に切り替える可能性が高い注意報が発表されているか、まもなく発表されるような状況です。災害への警戒が必要な時間帯などの詳細な情報を確認し、早めの防災行動を心がけましょう。[中]の場合は、夜間に事態が悪化する可能性も含め、いざというときに取るべき行動を確認しておきましょう。

3-1 気象情報と早期注意情報

図3-1-5 早期注意情報の予想期間によるちがい

		翌日まで（1日先まで）	2～5日先まで
発表時刻		毎日5時、11時、17時	毎日11時、17時
発表単位	地域	一次細分区域	原則府県予報区
	時間	6時間ごと	1日ごと
対象とする現象		・台風や低気圧など規模の大きな現象 ・線状降水帯など比較的規模の小さな現象	台風や低気圧など規模の大きな現象
防災対応のイメージ	警報級の可能性【高】	危険度が高まりつつあるので気象情報等で警報級の現象が予想される時間帯等を確認	今後の情報に留意して、必要に応じて早めの備えを
	警報級の可能性【中】	すぐに防災対応を取る必要はないものの、夜間の警報発表なども想定していつでも動けるようにしておく	

　2日先から5日先までの早期注意情報は、週間天気予報に合わせて1日2回（11時、17時）に発表されます。台風や低気圧、前線といった規模の大きな現象が対象となります。気象情報をこまめに確認するようにしましょう。

　気象状況が急変して早期注意情報が間に合わないまま、警報発表になるような場合もあるので、早期注意情報が出ていなくても、日ごろから対応を考えておく必要があります。

　早期注意情報のうち、大雨と高潮に関する情報は警戒レベル1に相当します。

一次細分区域と二次細分区域

　気象庁の天気予報は、一次細分区域と呼ばれる単位で発表されます。これは都道府県をいくつかに分けたもので、例えば神奈川県であれば、神奈川県東部、神奈川県西部という区分けになります。それに対して警報等の発表に用いられる区分けを二次細分区域といいます。二次細分区域は原則市町村単位ですが、一部市町村をさらに分割している地域もあります。また東京特別区（いわゆる東京23区）は区単位となっています。これらの全国の区分けの詳細はp164以降をご覧ください。

3-1 気象情報と早期注意情報

図3-1-6　早期注意情報の発表例

沖縄本島地方の早期注意情報（警報級の可能性）

2023年08月01日17時　沖縄気象台　発表

本島中南部では、2日までの期間内に、大雨、暴風、波浪、高潮警報を発表する可能性が高い。
本島北部では、2日までの期間内に、大雨、暴風、波浪、高潮警報を発表する可能性が高い。
久米島では、2日までの期間内に、大雨、暴風、波浪、高潮警報を発表する可能性が高い。

沖縄県本島中南部			1日	2日				3日	4日	5日	6日
			18-24	00-06	06-12	12-18	18-24				
大雨	警報級の可能性		【高】			【高】		【高】	【中】	【中】	【中】
	1時間最大		40	50	50	50	20				
	3時間最大		60	70	70	70	30				
	24時間最大		150から200								
暴風	警報級の可能性		【高】			【高】		【高】	【中】	【中】	【中】
	最大風速	陸上	40	40	40	35	30				
		海上	40	40	40	35	30				
波浪	警報級の可能性		【高】			【高】		【高】	【高】	【高】	【中】
	波高		12	12	11	10	10				
高潮	警報級の可能性		【高】			【高】		【中】	【中】	【中】	【中】

沖縄県本島北部			1日	2日				3日	4日	5日	6日
			18-24	00-06	06-12	12-18	18-24				
大雨	警報級の可能性		【高】			【高】		【中】	【中】	【中】	【中】
	1時間最大		40	50	50	50	20				
	3時間最大		60	70	70	70	30				
	24時間最大		150から200								
暴風	警報級の可能性		【高】			【高】		【高】	【中】	【中】	【中】
	最大風速	陸上	35	35	35	35	30				
		海上	35	35	35	35	30				
波浪	警報級の可能性		【高】			【高】		【高】	【高】	【高】	【中】
	波高		12	12	11	10	10				
高潮	警報級の可能性		【高】			【高】		【中】	【中】	【中】	【中】

出典：気象庁ホームページより

Check! 2023年8月1日17時、沖縄県に実際に発表された早期注意情報の例です。このとき台風第6号が沖縄地方に接近していて、すでに大荒れの天気となっていました。早期注意情報によれば、翌2日も大雨、暴風、波浪、高潮について終日警報級の可能性が高いとなっており、引き続き警戒が必要です。さらに暴風は3日にかけ、波浪は5日にかけ警報級の可能性が高くなっており、台風の影響がかなり長引く恐れがあることが示唆されます。

3-2

注意報と警報、特別警報

　気象などの自然現象によって災害が起こるおそれがある旨を注意するのが注意報、重大な災害が起きる恐れがある旨を警告するのが警報、数十年に一度クラスの異常事態を知らせるのが特別警報です。これらについて詳しく紹介します。

▶▶ 注意報と警報

　注意報は災害が起きるおそれがある場合にその旨を注意して行う予報、**警報**は重大な災害の起きるおそれがある旨を警告して行う予報です。いずれも原則として市区町村単位で発表されますが、一部、市町村をさらに分割した単位で発表しているところもあります。この警報等の発表に使われる地域の区分けを**二次細分区域**といいます。

　ただしテレビやラジオ、新聞などの報道機関では、時間・文字数などに限りがあるため、**市町村等をまとめた地域**として複数の市区町村をまとめた地域名の形で発表されることもあります。

図3-2-1　注意報と警報のちがい

警報	重大な災害が起こるおそれがある場合に、その旨を警告して行う予報

注意報	災害が起こるおそれがある場合に、その旨を注意して行う予報

第3章　防災気象情報

3-2 注意報と警報、特別警報

▶▶ 注意報の種類

　注意報には気象、土砂崩れ、高潮、波浪、浸水、洪水、地震動、火山現象、津波の種類があります。**気象注意報**は気象業務施行令で「風雨、風雪、強風、大雨、大雪等によって災害が起こるおそれがある場合に、その旨を注意して行う予報」と定められています。注意が必要な現象に応じてさらに大雨、大雪、強風、風雪、濃霧、雷、乾燥、なだれ、着氷、着雪、融雪、霜、低温の13種類に分けられます。

図3-2-2　注意報の種類

	発表名	注意事項	備考
気象	大雨	大雨による災害	土砂災害と浸水害に分けて発表
	大雪	大雪による災害	
	強風	強風による災害	
	風雪	雪を伴う強風による災害	交通への影響など
	濃霧	濃い霧による災害	交通への影響など
	雷	落雷による災害	突風、雹も含む
	乾燥	空気の乾燥による災害	火災など
	なだれ	なだれによる災害	
	着氷	著しい着氷による災害	送電線や船体などへの着氷
	着雪	著しい着雪による災害	電線着雪、倒木など
	融雪	雪融けに伴う災害	融雪洪水、土砂災害など
	霜	早霜や遅霜による農作物被害	
	低温	著しい低温による災害	農業被害、水道管凍結など
土砂崩れ	大雨（土砂災害）	大雨による土砂災害	
	融雪	雪融け水による土砂災害	
	なだれ	なだれに伴う土砂災害	
浸水	大雨（浸水害）	大雨による浸水害	
	融雪	雪融け水による浸水害	
	洪水	河川はん濫による浸水害	
	高潮	高潮による浸水害	台風など気象要因
	津波	津波による浸水害	地震など気象以外の要因
洪水	洪水	河川の増水・はん濫に伴う災害	
高潮	高潮	潮位の異常上昇による災害	台風など気象要因
波浪	波浪	高波による災害	
津波	津波	津波による災害	地震など気象以外の要因
地震動		地震による災害	
火山現象		噴火など火山現象に伴う災害	

土砂崩れ注意報は気象業務施行令で「大雨、大雪等による土砂崩れによつて災害が起こるおそれがある場合に、その旨を注意して行う予報」と定められています。とはいえ土砂崩れ注意報という名称は使われず、土砂崩れの原因となる現象によって、大雨注意報（土砂災害）、なだれ注意報、融雪注意報に含める形で発表されます。かつては**地面現象注意報**と呼ばれていましたが2023年11月30日の施行令改正で土砂崩れ注意報に名称が変更となりました。

浸水注意報は雨や雪融け水などによって低い土地や田畑が水に浸かり、下水があふれるおそれがあるときに発表されます。ただし注意報の名称は、原因が大雨のときは大雨注意報（浸水害）、雪融け水によるもののときは融雪注意報となります。また浸水の原因が河川はん濫の場合は洪水注意報、高潮の場合は高潮注意報、津波の場合は津波注意報として発表されます。

洪水注意報は気象業務施行令で「洪水によつて災害が起こるおそれがある場合に、その旨を注意して行う予報」と定められています。洪水は河川の水が増えたり、あふれたりすることで、いわば河川災害に関する注意報です。大雨や雪融け水による洪水を対象としています。高潮や津波により河口付近の川の水かさが増して、災害が発生するおそれがある場合は、それぞれ高潮注意報、津波注意報として発表されます。

▶▶ 警報の種類

警報には大きく気象、土砂崩れ、高潮、波浪、浸水、洪水、地震動、火山現象、津波の種類があります。そして**気象警報**は現象の種類に応じて大雨、大雪、暴風、暴風雪の4種類があります。

土砂崩れ警報は大雨警報（土砂災害）、浸水警報は大雨警報（浸水害）という形で発表されます。なお浸水の原因が河川はん濫や高潮、津波の場合は、それぞれ洪水警報、高潮警報、津波警報に含めて発表されます。

洪水による重大な災害が予想される場合は、**洪水警報**が発表されますが、高潮や津波で河口付近の河川水位が上昇する場合は高潮警報、津波警報になります。

3-2 注意報と警報、特別警報

図3-2-3 警報の種類

	発表名	警戒事項	備考
気象	大雨	大雨による重大な災害	土砂災害と浸水害に分けて発表
	大雪	大雪による重大な災害	
	暴風	暴風による重大な災害	
	暴風雪	雪を伴う暴風による重大な災害	交通への影響など
土砂崩れ	大雨（土砂災害）	大雨による重大な土砂災害	
浸水	大雨（浸水害）	大雨による重大な浸水害	
	洪水	河川はん濫による重大な浸水害	
	高潮	高潮による重大な浸水害	台風など気象要因
	津波	津波による重大な浸水害	地震など気象以外の要因
洪水	洪水	河川はん濫に伴う重大な災害	
高潮	高潮	潮位の異常上昇による重大な災害	台風など気象要因
波浪	波浪	高波による重大な災害	
津波	津波	津波による重大な災害	地震など気象以外の要因
地震動	緊急地震速報（警報）	地震による重大な災害	最大震度5弱以上または長周期地震動階級3以上
火山現象	噴火警戒レベル2〜3	噴火など火山現象に伴う重大な災害	
	噴火警報（火口周辺）		

▶▶ 特別警報

　警報の基準をはるかに超え、数十年に一度あるかどうかという、経験したことのないような危険が迫ってきているときに発表されるのが**特別警報**です。2011年3月11日に発生した東日本大震災などの甚大な災害の教訓から新たに設けられたもので、2013年8月から運用が開始されました。いわば気象版緊急事態宣言のようなものです。

　特別警報は気象、土砂崩れ、高潮、波浪、地震動、火山現象、津波の種類があります。そして**気象特別警報**には大雨、大雪、暴風、暴風雪の4つの種類があります。

3-2　注意報と警報、特別警報

図3-2-4　特別警報の種類と発表基準

現象の種類	発表名	発表基準		備考
		指標	条件	
大雨	大雨（土砂災害）※	①土壌雨量指数	過去の重大な土砂災害に匹敵する数値が10メッシュ以上まとまって出現	※①と②を満たすとき ※1メッシュは1km×1km
		②1時間雨量	さらに30mm以上の雨が続く予想	
	大雨（浸水害）	①表面雨量指数	過去の重大な災害に匹敵する数値が30メッシュ以上まとまって出現	※①または②で、さらに③の条件を満たすとき ※1メッシュは1km×1km
		②流域雨量指数	過去の重大な災害に匹敵する数値が20メッシュ以上まとまって出現	
		③1時間雨量	さらに30mm以上の雨が続く予想	
大雪	大雪	①積雪深	府県程度の広がりで50年に1度程度	※①と②を満たすとき
		②降雪量	警報級の降雪が1日以上続く予想	
暴風雪	暴風雪	台風または温帯低気圧の勢力	中心気圧930hPa以下または最大風速50m/s以上	※沖縄・奄美・小笠原地方は中心気圧910hPa以下または最大風速60m/s以上
暴風	暴風			
高潮	高潮			
波浪	波浪			
津波	大津波	津波の高さ	3m超	
地震動	緊急地震速報（警報）	①最大震度	震度6弱以上	※①または②のとき
		②長周期地震動	最大で階級4	
火山現象	噴火警戒レベル4～5	※発表基準は火山によって異なる		
	噴火警報（居住地域）			

※土砂崩れ特別警報は大雨特別警報（土砂災害）として発表される

　暴風、暴風雪、高潮、波浪の特別警報は、**台風等を要因とする特別警報**です。伊勢湾台風クラス（中心気圧930hPa以下、または最大風速50m/s以上）の台風、または同程度の強さの温帯低気圧が発表基準となっています。台風の場合はこの勢力を保ったまま中心が接近・通過すると予想される地域、温帯低気圧の場合は指標となる最大風速と同程度の風速が予想される地域が対象となります。

第3章

防災気象情報

3-2 注意報と警報、特別警報

　ただし沖縄地方、奄美地方、小笠原地方は基準が異なり、中心気圧910hPa以下、または最大風速60m/s以上の台風あるいは温帯低気圧が対象となります。

　なお、地震動に関するものは、緊急地震速報（予報）が地震動注意報に、緊急地震速報（警報）が地震動警報、地震動特別警報に相当します。緊急地震速報（警報）は最大震度5弱以上あるいは長周期地震動階級3以上が想定されるときに発表されるもので、そのうち最大震度6弱以上、長周期地震動階級4が予想されるものが地震動特別警報に位置づけられています。

　火山現象に関するものは、噴火警戒レベル2〜3および噴火警報（火口周辺）が火山現象警報に、噴火警戒レベル4〜5および噴火警報（居住地域）が火山現象特別警報に位置づけられています。

　津波に関するものは、大津波警報が津波特別警報に位置づけられています。

▶▶ 警報等の発表状況

　注意報・警報・特別警報（以下、警報等）が新たに出された場合は「発令」ではなく「**発表**」という言葉を使います。またすでに発表されている警報等に追加するかたちで新たな種類の警報等が発表された場合、すでに発表されている警報等は「**継続**」と表示されます。警報等の基準を満たさなくなり情報を終了する場合は「**解除**」といいます。

　そして注意報から警報、警報から特別警報、特別警報から警報、警報から注意報に変更される場合は、「**切り替え**」といいます。

　注意報から警報、警報から特別警報へと警戒度を引き上げるような切り替えが行われる可能性が高い場合は、その旨が事前に周知されます。

▶▶ 警報等と警戒レベルの関係

　警報等のうち、気象災害に関する警戒レベル（➡19ページ）に対応しているのは大雨、洪水、高潮です。大雨と洪水は、注意報が警戒レベル2、警報が警戒レベル3、特別警報が警戒レベル5に相当します。

　高潮は、注意報が警戒レベル2、警報・特別警報が警戒レベル4です。また注意報のうち、警報に切り替える可能性が高いと言及されているものは警戒レベル3に位置づけられています。

3-2 注意報と警報、特別警報

図3-2-5 警報等の発表例

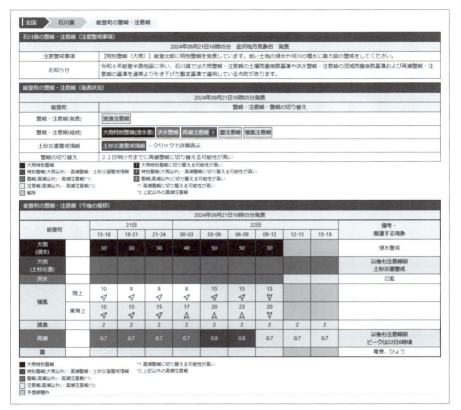

出典：気象庁ホームページより

暫定基準

・大きな地震の後は地盤が緩み、少しの雨でも災害が発生しやすくなります。そこで地震の後一定期間は警報・注意報の発表基準が平時よりも引き下げられます。これを**暫定基準**といいます。

3-3

竜巻注意情報

発達した積乱雲は大雨以外に、落雷や雹、竜巻などの激しい突風といった破壊力の強い現象を引き起こすことがあります。これらの破壊力の強い現象に対して発表される防災気象情報を紹介します。

▶▶ 雷注意報と気象情報

積乱雲が発生して、雷による災害が起きる可能性がある場合に発表されるのが**雷注意報**です。発表されるのは注意報のみで、警報や特別警報の運用はありません。

注意報としての名称は「雷」ですが、落雷だけではなく、突風や雹など、積乱雲に伴うさまざまな現象も対象となっています。落雷以外の注意が必要な現象については**関連する現象**として表記されます。

図3-3-1 雷注意報の発表例

沖縄本島地方の警報・注意報（注意警戒事項）	
	2024年11月08日03時59分　沖縄気象台　発表
注意警戒事項	沖縄本島地方では、高波や竜巻などの激しい突風、急な強い雨、落雷に注意してください。

国頭村の警報・注意報（発表状況）
2024年11月08日03時59分発表

国頭村	警報・注意報・警報の切り替え
警報・注意報（継続）	雷注意報 波浪注意報

- ■ 大雨特別警報
- ■ 特別警報(大雨以外)・高潮警報・土砂災害警戒情報
- ■ 警報(高潮以外)・高潮注意報(*1)
- □ 注意報(高潮以外)・高潮注意報(*2)
- □ 解除

- 1 大雨特別警報に切り替える可能性が高い
- 1 特別警報(大雨以外)・高潮警報に切り替える可能性が高い
- 1 警報(高潮以外)に切り替える可能性が高い
- *1 高潮警報に切り替える可能性が高い
- *2 上記以外の高潮注意報

国頭村の警報・注意報（今後の推移）
2024年11月08日03時59分発表

国頭村		8日						9日		備考・関連する現象
		03-06	06-09	09-12	12-15	15-18	18-21	21-24	00-03	03-06	
波浪	東シナ海側	3	3	3	3	3	3	3	3	3	以後も注意報級 うねり
	太平洋側	3	3	3	3	3	3	3	3	3	以後も注意報級 うねり
雷											以後も注意報級 竜巻

- ■ 大雨特別警報
- ■ 特別警報(大雨以外)・高潮警報・土砂災害警戒情報
- ■ 警報(高潮以外)・高潮注意報(*1)
- □ 注意報(高潮以外)・高潮注意報(*2)
- □ 予想期間外

- *1 高潮警報に切り替える可能性が高い
- *2 上記以外の高潮注意報

出典：気象庁ホームページより

3-3 竜巻注意情報

　さらに必要に応じて注意報の内容を補足する気象情報も発表されます。表題に「雷」「突風」「降ひょう」と入っている気象情報がそれに該当します。扱う現象の種類が多いときや、台風などの場合、気象情報の表題にこれらの現象名が入らないこともあります。その場合でも、落雷や突風、ひょうに注意が必要なときは本文中にその旨が記されます。

図3-3-2　積乱雲に関連して発表される気象情報の例

雷と突風及び降ひょうに関する北陸地方気象情報　第1号

2024年11月04日22時01分　新潟地方気象台発表

　北陸地方では、5日明け方にかけて落雷や竜巻などの激しい突風、降ひょう、急な強い雨に注意してください。

[気象概況]
　オホーツク海には低気圧があって東北東に進んでいます。低気圧からのびる寒冷前線が北陸地方に接近し、5日にかけて通過する見込みです。低気圧や前線に向かって暖かく湿った空気が流れ込むため、北陸地方では5日明け方にかけて大気の状態が非常に不安定となり、局地的に積乱雲が発達するでしょう。

[防災事項]
　北陸地方では、5日明け方にかけて落雷や竜巻などの激しい突風、急な強い雨に注意してください。発達した積乱雲の近づく兆しがある場合は建物内に移動するなど、安全確保に努めてください。ひょうの降るおそれもありますので、農作物等の管理にも注意してください。

[補足事項]
　今後発表する防災気象情報に留意してください。
これで「雷と突風及び降ひょうに関する北陸地方気象情報」は終了します。

出典：情報は気象庁提供

▶▶ 竜巻注意情報

　積乱雲が発達して、竜巻などの激しい突風の発生する可能性がある場合に発表されるのが**竜巻注意情報**です。名前は竜巻ですが、竜巻以外のダウンバーストやガストフロントなど、積乱雲に伴って発生する激しい突風すべてを対象としています。

　竜巻注意情報は竜巻発生確度ナウキャスト（➡48ページ）で発生確度2となった地域に発表されます。この情報の地域単位はふつうの天気予報（府県天気予報）と同じ一次細分区域（図3-3-3の例として挙げた茨城県の場合は、茨城県北部・茨城県南部）です。

3-3　竜巻注意情報

　ひとつの情報の有効期間は１時間で、激しい突風の発生するおそれが無くなったとき
は、有効期間が切れると同時に自動で終了となります。引き続き激しい突風の発生するお
それがあるときは、そのおそれがなくなるまで、第２号、第３号…と、発表され続けます。

図3-3-3　竜巻注意情報の例

茨城県竜巻注意情報　第１号

令和元年１０月１２日１０時１６分　気象庁発表

　茨城県南部は、竜巻などの激しい突風が発生しやすい気象状況になっています。空の様子
に注意してください。雷や急な風の変化など積乱雲が近づく兆しがある場合には、頑丈な建
物内に移動するなど、安全確保に努めてください。落雷、ひょう、急な強い雨にも注意してく
ださい。

　この情報は、１２日１１時３０分まで有効です。

出典：情報は気象庁提供

　また竜巻発生確度の数値に関わらず、竜巻などの目撃情報がある場合は、その旨を記
した竜巻注意情報が発表されるようになっています。

図3-3-4　目撃情報による竜巻注意情報の例

静岡県竜巻注意情報　第１号

令和元年８月２８日０９時００分　気象庁発表

【目撃情報あり】
　静岡県東部で竜巻などの激しい突風が発生したとみられます。静岡県中部、東部は、竜巻
などの激しい突風が発生するおそれが非常に高まっています。空の様子に注意してくださ
い。雷や急な風の変化など積乱雲が近づく兆しがある場合には、頑丈な建物内に移動するな
ど、安全確保に努めてください。落雷、ひょう、急な強い雨にも注意してください。

　この情報は、２８日１０時１０分まで有効です。

出典：情報は気象庁提供

3-4

早期天候情報と熱中症警戒アラート

平年よりも気温がかなり高い状態、あるいはかなり低い状態が続くと予想されるときは、早期天候情報が発表されます。また夏季は気温が高くなると熱中症などの健康被害につながるため、熱中症警戒アラートなどが発表されます。

▶▶ 早期天候情報

現在気象庁では、週間天気予報より先の14日先までの気温の予報を発表しています。これを**2週間気温予報**といいます。これを見ることで14日先までの気温の推移の見通しを把握することができます。そして6日先〜14日先までの間に、過去の統計と比較して10年に1回あるかどうかの著しい高温、または著しい低温となる可能性が高いと予想されたときに**早期天候情報**が発表されます。

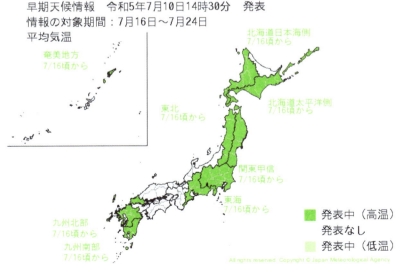

図3-4-1　高温に関する早期天候情報の例

出典：気象庁ホームページより

3-4 早期天候情報と熱中症警戒アラート

> **高温に関する早期天候情報（関東甲信地方）**
> 令和5年7月10日14時30分　気象庁発表
> 関東甲信地方　7月16日頃から　かなりの高温
> かなりの高温の基準：5日間平均気温平年差　＋2.5℃以上
>
> 　関東甲信地方の向こう2週間の気温は、暖かい空気に覆われやすいため高い日が多く、かなり高い日もあるでしょう。
> 　熱中症の危険性が高い状態が続きます。引き続き、屋外での活動等では飲料水や日陰を十分に確保したりするなど熱中症対策を行い、健康管理等に注意してください。また、農作物や家畜の管理にも注意してください。
> 　なお、1週間以内に高温が予測される場合には高温に関する気象情報を、翌日または当日に熱中症の危険性が極めて高い気象状況になることが予測される場合には熱中症警戒アラートを発表しますので、こちらにも留意してください。

出典：図・文字情報ともに気象庁提供

　著しい高温や低温の可能性を早めに知ることで、農作物の管理などに役立てることができます。また夏季の著しい高温は熱中症などの健康被害につながるため、この情報を活用し、熱中症対策を強化したり、屋外活動の計画を見直したりするとよいでしょう。

　冬季に著しい低温が予想されるときは、寒気が強まって冬の嵐となる可能性が考えられます。日本海側・山間部では雪の降りかたに注意をし、低温によって生じる水道管凍結などの対策を早めに行いましょう。

　それから冬季の日本海側で、6日先から14日先までの間に降雪量が極端に多くなる可能性があるときは、**大雪に関する早期天候情報**が発表されます。

3-4 早期天候情報と熱中症警戒アラート

図3-4-2 大雪に関する早期天候情報の例

大雪に関する早期天候情報（東北地方）
令和5年11月23日14時30分
仙台管区気象台発表
東北日本海側　11月30日頃から　大雪
大雪の基準：5日間降雪量平年比
226％以上

　11月30日頃から寒気が強まるため、東北日本海側を中心に降雪量が多くなり、この時期としては平年よりかなり多くなる可能性があります。
　農作物の管理や、除雪の対応などに注意してください。また、今後の気象情報等に留意してください。

＜参考＞
この期間の主な地点の5日間降雪量の平年値は、以下の通りです。

地点	平年値
五所川原	9センチ
青森	13センチ
弘前	11センチ
酸ケ湯	45センチ
鷹巣	7センチ
秋田	3センチ

（以下省略）

出典：図・文字情報ともに気象庁提供

3-4　早期天候情報と熱中症警戒アラート

2週間気温予報

　2週間気温予報は、2週間先までの気温の見通しを、数値やグラフで詳しく表したものです。当日（予報発表日）の左側には過去1週間に観測された実際の最高気温・最低気温が表されます。そして当日の右側、1週目（7日先まで）は、府県天気予報（今日明日あさっての天気予報）や週間天気予報の予想気温（最高・最低）が入ります。さらに右側の2週目（8日先〜12日先）に記された予想最高気温と予想最低気温は、5日間（当日と前後2日分）の平均値になっています。例えば図3-4-3で2週目最初の「1木」の部分、これは2024年8月1日（木）のことですが、ここの最高気温の欄が40℃となっています。この数値は、2024年7月30日〜2024年8月3日の5日間の予想最高気温を平均したものです。

　あわせて下側のグラフに予想の振れ幅の範囲（予測範囲と書かれている部分）が記されています。この振れ幅が大きいほど、予想が当たりにくい状況であることを示します。

図3-4-3　2週間気温予報の例

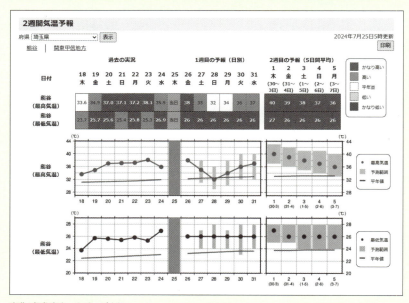

出典：気象庁ホームページより

3-4　早期天候情報と熱中症警戒アラート

▶▶ 高温や低温に関する情報

　著しい高温や低温が続いているとき、あるいは予想されるときは、気象情報（➡3-1：66ページ）の形式でその旨がアナウンスされることがあります。

図3-4-4　高温に関する気象情報の例

高温に関する関東甲信地方気象情報　第1号
2022年06月22日15時00分　気象庁発表

　関東甲信地方では、6月25日から29日頃にかけて、最高気温が35度以上となるところがあるでしょう。

　関東甲信地方では、6月25日から29日頃にかけて高気圧に覆われて晴れるため、最高気温が35度以上となるところがある見込みです。
　熱中症など健康管理に注意してください。

出典：情報は気象庁提供

　また低温に関する気象注意報としては、低温注意報、霜注意報が挙げられます。

　低温注意報は、低温によって農作物に著しい被害が出たり、水道管凍結などの影響が予想されたりする場合に発表されます。また朝の低温により、**早霜**（本来の時期よりも早く降りる霜）や**遅霜**（本来の時期よりも遅く降りる霜）が発生し、農作物に著しい被害が出るおそれがあるときは**霜注意報**が発表されます。

　なお気象注意報には高温に関するものはありません。

図3-4-5　低温注意報や霜注意報の例

平成26年10月　6日14時20分　網走地方気象台発表
網走・北見・紋別地方の注意警戒事項 　網走、北見、紋別地方では、6日まで低温に、7日朝は霜に対する農作物の管理に注意してください。
網走市　**[発表]**霜注意報　**[継続]**低温注意報
低温　注意期間　6日まで 霜　　注意期間　7日朝

第3章 防災気象情報

3-4 早期天候情報と熱中症警戒アラート

平成27年　2月　6日04時56分　山形地方気象台発表
山形県の注意警戒事項 　置賜では、6日昼前まで濃霧による視程障害に、6日まで低温に注意してください。
米沢市　[**発表**]濃霧,低温注意報
濃霧　注意期間　6日昼前まで　視程　100メートル以下 低温　注意期間　6日まで　付加事項　水道凍結　路面凍結

出典：情報は気象庁提供

▶▶ 熱中症警戒アラート

　近年は、夏の猛暑に伴う熱中症などの健康被害が問題になっています。そこで**気候変動適応法**という法律に基づき、環境省と気象庁が連携して**熱中症警戒アラート**（**熱中症警戒情報**）を発表しています。

　熱中症は高温環境下で起きる症状で、一度発症すると急速に進行して命に関わる状態になります。熱中症のかかりやすさは、気象条件と運動量、個人の体調や体質に大きく左右されます。このうち気象条件としては、

① 気温が高い

② 風が弱い

③ 湿度が高い

④ 日射が強い

　上記の4つが揃えば揃うほど熱中症のリスクが高まります。

　そこで気温のほかに、湿度、輻射熱（日射などの熱）を考慮した**暑さ指数**（WBGT）を計算し、その数値を元に熱中症警戒アラートなどの情報を発表しています。暑さ指数の計算には、**乾球温度計**（いわゆるふつうの温度計）で観測した**乾球温度**、**湿球温度計**（温度計の球部に濡らしたガーゼを巻いたもの）で観測した**湿球温度**、**黒球温度計**（温度計の球部を黒い球で包んだもの。球は薄い銅板を黒く塗ったもので中は空洞になっている）で観測した**黒球温度**、これら3つの数値を使います。そして暑さ指数を求める場所が屋外か屋内かによって計算式は異なります。

【屋外の場合】
WBGT＝0.7×（湿球温度）+0.2×（黒球温度）+0.1×（乾球温度）

【屋内の場合】
WBGT＝0.7×（湿球温度）+0.3×（黒球温度）

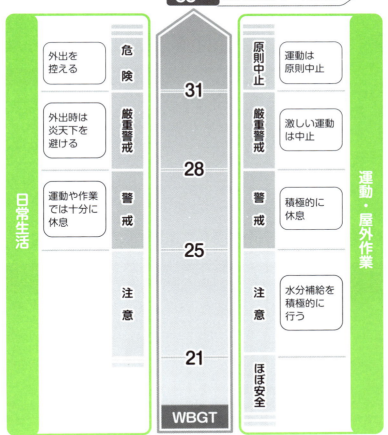

図3-4-6　暑さ指数の数値と行動目安

3-4　早期天候情報と熱中症警戒アラート

　暑さ指数が25以上28未満のときは警戒、28以上31未満の時は厳重警戒、31以上は危険と判定されます。そして、暑さ指数33以上が熱中症警戒アラートの発表基準です。対象地域の暑さ指数情報提供地点のどこかで33以上になると予想されるときに発表されます。

　熱中症警戒アラートの発表単位は府県予報区（原則都道府県単位。北海道などは細分化）です。発表のタイミングは前日17時頃、当日5時頃の2回です。情報提供期間は4月下旬（第4水曜日17時発表分）から10月下旬（第4水曜日5時発表分）までとなっています。また2024年4月24日からは**熱中症特別警戒アラート**（**熱中症特別警戒情報**）の運用も始まりました。これは翌日の暑さ指数が、各都道府県内の暑さ指数情報提供地点すべてで35以上になると想定される場合に発表されるものです。都道府県単位で、前日14時頃に発表されます。

図3-4-7　熱中症警戒アラートと熱中症特別警戒アラート

		熱中症警戒アラート	熱中症特別警戒アラート
正式名称		熱中症警戒情報	熱中症特別警戒情報
発表基準	暑さ指数	33以上	35以上
	地点に関する基準	府県予報区内の情報提供地点で1地点以上	該当都道府県内のすべての情報提供地点
発表地域		府県予報区単位	都道府県単位
発表時間		前日17時、当日5時	前日14時
提供期間		4月第4水曜日17時〜10月下旬第4水曜日5時	

図3-4-8　熱中症警戒アラートの発表例

埼玉県熱中症警戒アラート　第1号

2022年06月25日05時00分　環境省 気象庁発表

　埼玉県では、今日（25日）は、熱中症の危険性が極めて高い気象状況になることが予測されます。外出はなるべく避け、室内をエアコン等で涼しい環境にして過ごしてください。
　また、特別の場合*以外は、運動は行わないようにしてください。身近な場所での暑さ指数を確認していただき、熱中症予防のための行動をとってください。

＊特別の場合とは、医師、看護師、熱中症の対応について知識があり一次救命処置が実施できる者のいずれかを常駐させ、救護所の設置、及び救急搬送体制の対策を講じた場合、涼しい屋内で運動する場合等のことです。

3-4 早期天候情報と熱中症警戒アラート

＜特に実施していただきたいこと＞
・熱中症搬送者の半数以上は、高齢者（65歳以上）です。身近な高齢者に対し、昼夜問わず、エアコン等を使用するよう声掛けをしましょう。
・高齢者のほか、子ども、持病のある方、肥満の方、障害者などは、熱中症にかかりやすい「熱中症弱者」です。これらの方々は、こまめな休憩や水分補給（1日あたり1.2Lが目安）を喉が渇く前から、より積極的に、時間を決めて行いましょう。また、外出も控えるようにしましょう。

［今日（25日）予測される日最高暑さ指数（WBGT）］
寄居30、熊谷32、久喜33、秩父29、鳩山30、さいたま32、越谷32、所沢29

全国の代表地点（840地点）の暑さ指数は、熱中症予防情報サイト（環境省）にて確認できます。個々の地点の暑さ指数は、環境によって大きく異なりますので、独自に測定していただくことをお勧めします。

暑さ指数（WBGT：Wet Bulb Globe Temperature）は気温、湿度、日射量などから推定する熱中症予防の指数です。

［暑さ指数（WBGT）の目安］
31以上：危険
28以上31未満：厳重警戒
25以上28未満：警戒
25未満：注意

［今日（25日）の予想最高気温］
熊谷39度、さいたま37度、秩父37度

この情報は暑さ指数（WBGT）を33以上と予測したときに発表する情報です。予測対象日の前日17時頃または当日5時頃に発表します。
予測対象日の前日に情報（第1号）を発表した都道府県では、当日の予測が33未満に低下した場合でも5時頃にも情報（第2号）を発表し、熱中症への警戒が緩むことのないように注意を呼びかけます。

出典：情報は気象庁提供

3-5

海に関する防災情報

　気象庁は海での活動や船舶の航行の安全を支えるためにさまざまな情報を提供しています。ここではこれらの海に関する防災気象情報についてまとめて紹介していきます。

▶▶ 警報等や気象情報

　注意報・警報・特別警報のうち、海に関するものは波浪、高潮、津波の３つがあります。このうち**波浪注意報**と**波浪警報**は、風によって発生する高波への注意・警戒を呼びかけるものです。風によってできる波には、風浪とうねりの２種類があります。**風浪**はその場で吹く風によってできた不規則でとがった波、**うねり**は遠くでできた波が伝わってきた滑らかでゆったりとした波です。うねりに対して注意が必要なときは、警報・注意報の関連する現象にその旨が記されます。

図3-5-1　波浪注意報の発表例

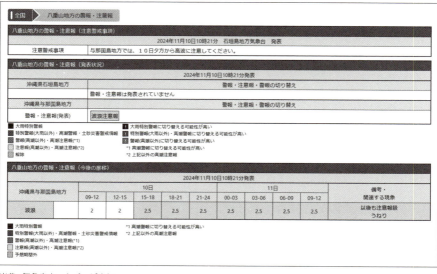

出典：気象庁ホームページより

高潮注意報と高潮警報は、高潮への注意警戒を呼びかけるものです。高潮は台風や低気圧などの気象要因で潮位が異常に上昇する現象で、規模の大きなものは津波に匹敵するような大きな災害につながります。

伊勢湾台風に匹敵するような勢力の台風や温帯低気圧（中心気圧930hPa以下または最大風速50m/s以上、ただし沖縄などでは中心気圧910hPa以下または最大風速60m/s以上）が予想されるときは、波浪と高潮の特別警報が発表されることがあります。

なお、高潮に関する警報等は警戒レベルが設定されています。高潮注意報のうち、警報に切り替える可能性に言及していないものは警戒レベル2、警報に切り替える可能性が高いと言及しているものは警戒レベル3、高潮警報、高潮特別警報は警戒レベル4です。

そしてこれらの警報等を補足する内容として、必要に応じて気象情報（➡3-1：66ページ）が発表されます。また今後、波浪警報や高潮警報を発表する可能性があるときは、早期注意情報（➡3-1：70ページ）による早めの呼びかけも行われています。

津波に関するものは、予想される津波の高さに応じて、津波注意報（0.2m以上1m以下）、津波警報（1m超3m以下）、大津波警報（3m超）が発表されます。津波は海底を震源とする地震に伴って発生することが多いのですが、火山噴火など、地震以外のメカニズムで発生することもあります。

▶▶ 潮位観測情報

全国の潮位観測地点で観測された潮位のグラフは、気象庁ホームページの潮位観測情報などで見ることができます。10分ごとに更新され、天文潮位、実際の潮位（観測値）、それから潮位偏差を見ることができます。

天文潮位（平常潮位）は月や太陽によって引き起こされる潮位の変化のことで、満潮や干潮、大潮や小潮がこれに該当します。潮位偏差はこの観測値と天文潮位の差で、この数値が大きいときは、高潮などの異常潮位が起きている可能性があります。

高潮や津波に伴う潮位変化は、この潮位観測情報からある程度知ることができます。

3-5 海に関する防災情報

図3-5-2 潮位観測情報の例

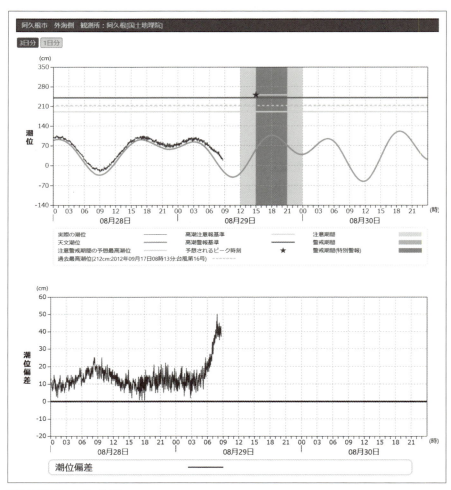

出典：気象庁ホームページより

3-5 海に関する防災情報

▶▶ 海上警報・予報

　船舶の安全を支えるための情報として気象庁が発表しているのが**海上警報**と**海上予報**です。いずれも日本近海を12の海域に分けた**地方海上予報区**と、その地方海上予報区をさらにいくつかに分割した**細分海域**についてを対象に情報を発表しています。

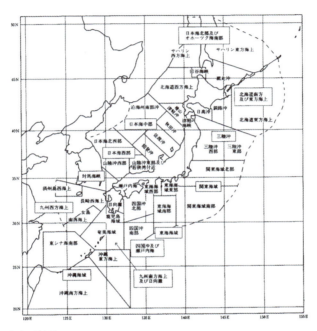

図3-5-3　地方海上予報区と細分海域

出典：気象庁ホームページより

　海上警報は船舶の航行にあたり注意警戒が必要な風や霧、着氷などの警報で、図3-5-4のような種類があります。

3-5 海に関する防災情報

図3-5-4 海上警報の種類

		台風	台風以外
海上台風警報		風速64ノット以上	—
海上暴風警報		風速48ノット以上64ノット未満	風速48ノット以上
海上強風警報		風速34ノット以上48ノット未満	
一般警報	海上風警報	風速28ノット以上34ノット未満	
	海上濃霧警報	水平視程0.3海里（約500m）以下 瀬戸内海は水平視程0.5海里（約1km）以下	
	海上着氷警報	波しぶきや雨、霧などが船体に凍りつく状態（船体着氷）	
火山現象に関する海上警報		火山噴火の影響が沿岸や海上に及ぶおそれ	

　海上予報は、日本近海の海上における観測実況（実際の状況）と、今後の予報からなります。観測実況は、風向、風速（単位はノット）、天気、気圧、気温、視程（どのくらい遠くまで視界がきくか、単位は海里）の観測状況について記されます。予報は、今日と明日の風（風向風速）、天気、視程、波の予想が記されます。いずれも毎日2回、7時と19時に発表されます。その他、津波や火山に関する海上警報や海上予報も発表されています。

COLUMN　海里とノット

　海里やノット（knot）は船舶分野でよく使われる単位です。海里は距離を表す単位で、地球の緯度1分に相当する長さ（1852m）を1海里（国際海里）としています。
　そして1時間に1海里進む速さ（時速1852m）が1ノットです。

1ノット＝時速1852m≒秒速0.51m

　つまりノットの数値を半分にすることで、大まかではありますが、m/sの単位へと換算することができます（例：風速64ノット→風速32m/sぐらい）。

3-5 海に関する防災情報

図3-5-5 海上警報・予報の例

北海道西方海上の海上警報

札幌海上気象 2024年11月10日11時35分 札幌管区気象台 発表

発表中の警報		海上強風警報 |⚠| 海上濃霧警報

概況 (10日09時)		発達中の低 1000 北緯53度 東経132度 東北東 25ノット（45キロ） 温暖前線が 北緯53度 東経132度 から 北緯52度 東経138度 北緯50度 東経144度 にのびる 寒冷前線が 北緯53度 東経132度 から 北緯48度 東経129度 北緯44度 東経125度 北緯42度 東経120度 にのびる
警報内容	風	北海道西方海上では 南西の風が強く 最大風速は 30ノット（15メートル） 10日21時までに 35ノット（18メートル） 11日09時までに 北西の風が強く 最大風速は 30ノット（15メートル）の見込み
	濃霧	北海道西方海上では 所々で濃い霧のため見通しが悪く 視程は 0．3海里（0．5キロ）以下 11日03時までに 次第に良くなる見込み
対象期間		11日09時まで有効

▼ 海上警報の説明を表示する

北海道西方海上の海上予報

札幌海上気象 2024年11月10日07時00分 札幌管区気象台 発表

概況 (10日03時)		発達中の低 1004 北緯52度 東経129度 東 25ノット（45キロ）					
観測実況 (10日06時)		風向	風速(ノット)	天気	気圧(hPa)	気温(℃)	視程(海里)
	稚内	西南西	11	晴	1022	10	10
	留萌	東南東	17	曇	1025	1	9
	網走	南	2	晴	1026	-1	4
	寿都	南東	9	曇	1026	7	10
予報		今日10日			明日11日		
	風	南西 25ノット（13メートル） 10日09時までに 30ノット（15メートル） 10日21時までに 35ノット（18メートル）			南西 35ノット（18メートル） 11日21時までに 北西 15ノット（8メートル）		
	天気	曇時々晴 所により雷を伴い 所により霧			晴 所により雷を伴う		
	視程	4海里（8キロ） 所により0．3海里（0．5キロ）以下			5海里（10キロ）		
	波	2メートル 10日09時までに 2．5メートル 10日21時までに 4メートル			4メートル 11日21時までに 1．5メートル		

出典：気象庁ホームページより

▶▶ 海上分布予報

海上警報や海上予報の内容を補足するための参考情報として発表されるのが**海上分布予報**です。3時、9時、15時、21時の観測結果を元に、その3時間後の6時頃、12時頃、18時頃、24時頃に発表されます。緯度0.5度×経度0.5度のメッシュで、風、波、視程、着氷、天気の要素について6時間ごとに24時間先までの予報が記されます。

海上分布予報は数値が具体的に細かく表示されますが、予報には誤差があります。そのため、あくまで目安として利用するようにしましょう。

3-5 海に関する防災情報

図3-5-6 海上分布予報（視程）の例

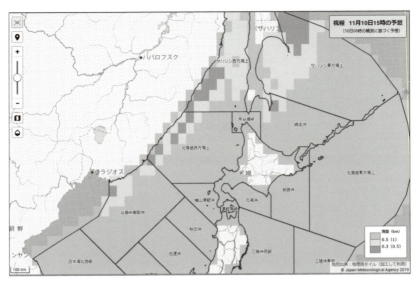

出典：気象庁ホームページより

▶▶ 波浪実況・予想図

　日本近海の波浪の実況（これまでの実際の状態）、それから今後の予想を詳しく示したのが**波浪実況・予想図**です。これは**数値波浪モデル**を元に、コンピューターで計算・解析したものです。2024年11月現在、気象庁ホームページでは波の高さ、波と風、風浪と風、うねりの高さと周期、多方向から波が来る海域、流れで波が険しくなる海域についての情報が提供されています。いずれも1日4回（2時頃、8時頃、14時頃、20時頃）発表され、実況は24時間前から現在まで、予想は48時間先まで、それぞれ6時間ごとの状況を見ることができます。

　「**波の高さ**」は波高（波の高さ）のみの分布図です。「**波と風**」は波高と波向（波が進む方向）、それから海上風（風向風速）の分布が記されています。

　「**風浪と風**」は、波の中に含まれる風浪の波高と波向、海上風（風向風速）の分布です。

　「**うねりの周期と高さ**」は、波の中に含まれるうねりの波高と波向、それから周期を示したものです。

3-5 海に関する防災情報

「**多方向から波が来る海域**」は、波高と波向の分布に加え、波高1.8m以上で多方向から波が来る領域に網掛けが施されています。この領域は波と波が重なり合って海面が複雑に乱れ、ときに巨大波が発生する可能性があります。

「**流れで波が険しくなる海域**」は、波高と波向の分布に加え、波高1.0m以上で、波と逆向きの流れの影響を受け、波高がさらに5%以上高くなる領域に網掛けが施されています。この領域では険しい波が発生して、船の揺れが大きくなる可能性があります。

図3-5-7　波浪実況予想図の例

▼波の高さ

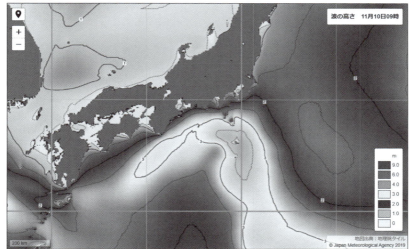

出典：気象庁ホームページより

3-5 海に関する防災情報

▼波と風

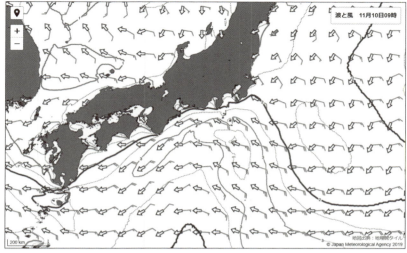

出典:気象庁ホームページより

▼風浪と風

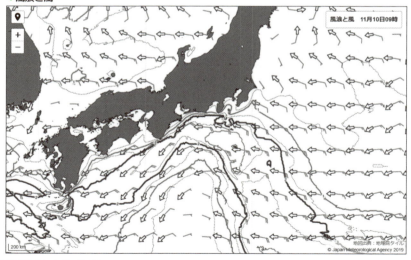

出典:気象庁ホームページより

3-5 海に関する防災情報

▼うねりの周期と高さ

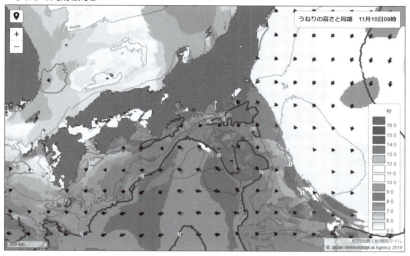

出典：気象庁ホームページより

▼多方向から波が来る海域

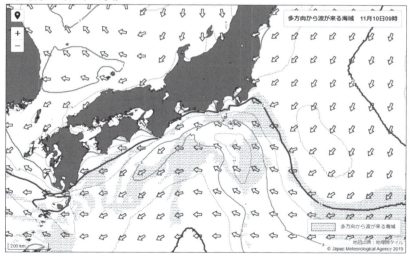

出典：気象庁ホームページより

3-5 海に関する防災情報

▼流れで波が険しくなる海域

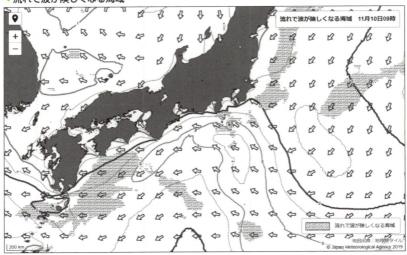

出典：気象庁ホームページより

 あびき（副振動）

　気圧の変動などの気象要因によって生まれた波長の長い波が、海底地形の影響で増幅しながら日本の沿岸に到達することがあり、これをあびき（副振動）と言います。あびきは西日本、特に九州で起こりやすい現象で、数分～数十分程度の周期で海面が上下を繰り返し、その幅が数ｍにも達することがあります。この副振動が顕著な場合は気象庁から「副振動に関する潮位情報」などの情報が発表されます。

台風に関する防災気象情報

　台風が近づくと、さまざまな種類の気象災害が同時多発的に発生し、広域にわたる大規模災害をもたらすことも珍しくありません。そこで台風が発生すると、台風に関するさまざまな防災気象情報が発表されます。テレビの天気予報などでおなじみの台風進路予想図もそのひとつです。本章では、これらの台風に関する防災気象情報の種類と特性、見かたについて詳しく取り上げたいと思います。

4-1

台風に伴う気象災害

昔から日本は大規模な台風災害に見舞われています。まず台風とはどのようなもので、どんな気象災害を引き起こすのか、ここでは台風とそれに伴う気象災害の基本的なことを確認していきたいと思います。

▶▶ 台風と熱帯低気圧

熱帯低気圧（tropical cyclone）は、海面から蒸発する水蒸気がもつ熱（潜熱）をエネルギー源として発生・発達する低気圧です。多数の積乱雲が集まってできた大きな雲のかたまりで、発達するとぐるぐると渦を巻くようになります。熱帯低気圧内は暖気となっており、前線はありません。海面水温27℃以上の海域で発生しやすく、熱帯地方（低緯度帯）の海上で多発します。

熱帯低気圧発生のきっかけとなる要因はいくつかあり、その代表ともいえるのが**モンスーン合流域**（confluence zone）と、そこに形成される**モンスーントラフ**（monsoon trough）です。モンスーン合流域は、貿易風（低緯度帯で吹く東寄りの風）と、南西モンスーン（インド洋から南シナ海、中国大陸南部を経て東シナ海方面に向かう暖かく湿った南西の風）がぶつかる場所で、だいたい南シナ海〜フィリピンの東にかけての海域がそれにあたります。この風のぶつかり合いに伴ってできる気圧の低い部分をモンスーントラフと言い、熱帯低気圧はこの中でよく発生します。

熱帯収束帯（Inter Tropical Convergence Zone：ITCZ）も熱帯低気圧の多発地帯です。熱帯収束帯は南半球側で吹く南東貿易風と北半球側で吹く北東貿易風がぶつかるライン（収束帯）で、風がぶつかることで上昇気流が発生するため、積乱雲が発生しやすく、何らかの理由で多数の積乱雲が集まってひとつにまとまることで熱帯低気圧が誕生します。なお、熱帯低気圧の渦巻ができるにあたり、地球の自転効果はとても重要な役目を果たしています。この地球の自転効果がゼロになる赤道上では、熱帯低気圧は発生しません。

4-1 台風に伴う気象災害

図4-1-1 モンスーン合流域とモンスーントラフ

図4-1-2 熱帯収束帯

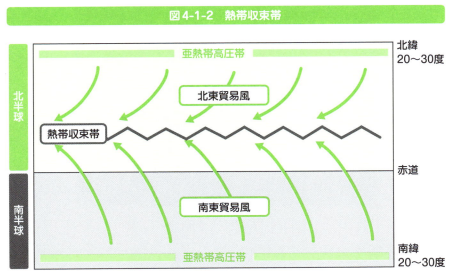

※注：北半球が夏季のとき

4-1 台風に伴う気象災害

　台風はこれらの熱帯低気圧が発達して中心付近の最大風速が17.2m/s（34ノット）以上になったものをいいます。発達した熱帯低気圧は存在する海域によって呼び名が変わります。台風は太平洋の北半球側、東経180度より西側に存在するものを指します。

▶▶ 台風の雲の特徴

　台風を気象衛星雲画像で見ると、典型的なものは、円形の大きな雲のかたまりで、反時計回りに渦を巻いています。しばしば中心にぽっかりと穴が開き、これを**台風の目**（**eye**）と呼びます。「台風の目」は勢力の強い台風ほどはっきり目立つ傾向があります。

図4-1-3　気象衛星雲画像で見る台風の例

出典：気象庁ホームページより

　この台風の目をぐるりと取り囲む、壁のように背の高い積乱雲のあつまりを**壁雲**（**primary eyewall**）といいます。特に発達した台風では、壁雲の外側に**第二の壁雲**（**secondary eyewall**）ができることがあります。

4-1 台風に伴う気象災害

そして壁雲の外側に見られるいわゆる「台風本体の雲」が、**内側降雨帯**（inner band）です。内側降雨帯はさらに、本体部分のinner rain shieldと、それに伴う螺旋状の積乱雲列のinner rainbandに区別されることがあります。

さらにその外側、一般に「台風の外側の雲」と呼ばれる部分に相当するのが**外側降雨帯**（outer rainband）です。外側降雨帯もある程度の広がりを持つouter rain shieldと、螺旋状にのびる積乱雲列の**outer rainband**に区別されることがあります。

これらの細かい内部構造の確認は、気象衛星雲画像よりも気象レーダー画像のほうが向いています。

図4-1-4　気象レーダーで見た台風の例

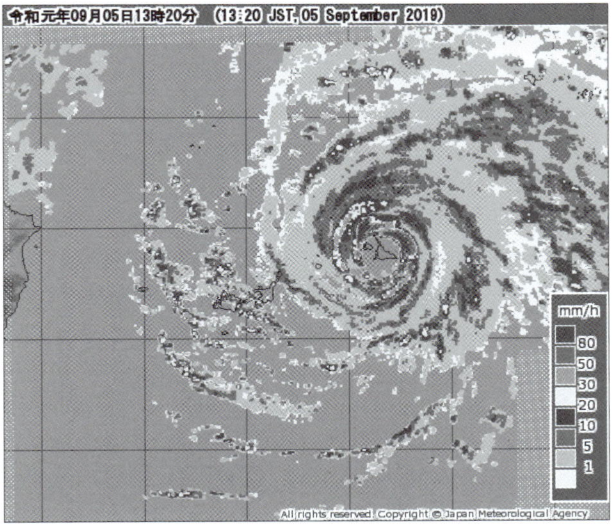

出典：気象庁ホームページより
※4色カラー版は、巻頭カラーページをご参照ください。

Check! 2019年9月5日13時20分の気象レーダー画像。台風第13号の目と、それを取り巻く壁雲など、台風の内部構造がよくわかる。

台風が北上して日本列島に近づくと、次第に発達した雲の分布が中心の北側に偏る傾向があります。さらに北側にある寒気に接するようになると、台風が持つ暖気と寒気の間に前線ができ、構造が熱帯低気圧から温帯低気圧へと変化していきます。これを**台風の温低化**といいます。

第4章 台風に関する防災気象情報

107

4-1 台風に伴う気象災害

> 図 4-1-5　台風の温低化の例

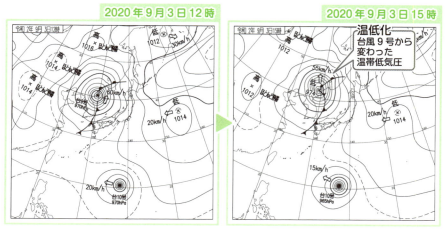

出典：いずれも気象庁提供の天気図に筆者加筆

▶▶ 台風に伴う大雨

　台風がもたらす気象災害の代表は大雨や暴風（強風）、高波、高潮に関する被害です。これらの災害がいたるところで発生し、ときに大規模災害につながることもあります。

　大雨は、台風本体の雨雲はもちろん、台風の中心から離れた地域でも注意が必要です。

　台風の一番外側にあたる外側降雨帯は、発達した積乱雲が列をなしたもので、これが近づくと急に雨が激しく降ったり晴れたりと、天気が目まぐるしく変化します。竜巻などの激しい突風が起こりやすいのでそれにも十分注意が必要です。

　また台風の北上に伴い南から暖かく湿った空気が流れこむようになると、それが山にぶつかって雨雲が次々と発生します。そのため山の南側に面した地域では台風が近づく前から雨が強まります。

　梅雨期や秋雨期は、日本付近に前線が停滞する傾向にありますが、台風と前線の組み合わせは特に危険です。前線の活動が活発化し、広域で台風が近づく前から雨が強まり、大規模水害が多発するおそれがあります。

4-1 台風に伴う気象災害

図4-1-6　台風接近時の降水レーダー画像例

出典：気象庁ホームページより

Check! 2022年9月18日、台風第14号が九州に上陸したときの降水レーダー画像。台風本体の雲は九州にあるが、南から暖かく湿った空気が次々と流れこんでいる影響で、台風から遠く離れた関東〜紀伊半島でも雨が激しく降っている。

図4-1-7　台風と前線の組み合わせ例

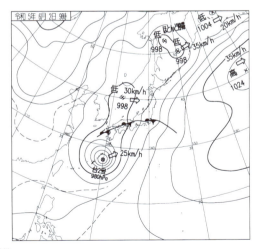

出典：天気図は気象庁提供

Check! 2023年6月2日9時の地上天気図（速報天気図）。台風第2号と前線の影響で、東日本から西日本にかけての広い範囲で、観測史上1位の記録を更新するような大雨となった。

4-1 台風に伴う気象災害

▶▶ 台風に伴う暴風・強風

　台風の周辺では、風は中心に向かって反時計回りに吹いています。そのため風向は中心との位置関係によって変化していきます。具体的には、台風の進路の左側（西側）にあたる地域では風向が反時計回りに、進路の右側（東側）にあたる地域では風向が時計回りに変わっていきます。風対策を行う場合はその点を考慮する必要があります。

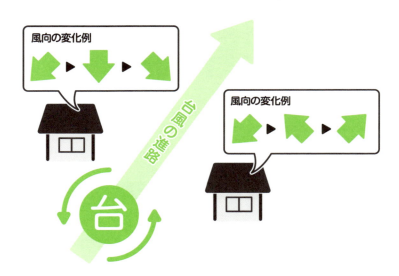

図4-1-8　台風の動きと風の変化

　風速は中心に近づくほどに大きくなります。勢力の強い台風は、平均風速25m以上の**暴風域**を伴っており、この域内に入ると外出が危険なレベルの暴風雨となるおそれがあります。ただし台風の中心部（台風の目）は比較的風が弱めとされています。台風の中心が通り過ぎた後は、いわゆる**吹き返しの風**が強まります。中心が通過した後も油断は禁物です。

　また台風が温低化した場合も要注意です。温低化した後、寒気と暖気の温度差をエネルギーに温帯低気圧として再発達することも珍しくありません。この場合、台風だったときよりも風が強く吹く範囲が広がる可能性があります。

それから風に伴う**塩害**（**塩風害**）にも注意が必要です。台風接近時は海も大荒れとなり、波しぶきが風とともに飛ばされてきます。この波しぶきの中に含まれる塩分があちこちに付着することでおきる被害を総称して塩害といいます。台風の時は、内陸にまで塩害が及ぶことがあります。電気設備に付着すると停電の原因となります。また農作物や樹木が枯れるなどの被害が出ることもあります。

▶▶ 台風に伴う高波

それから高波にも注意・警戒が必要です。風によってできる波には、風浪とうねりの2種類があります。風浪は風が吹いている場所にできる不規則でとがった波で、風の強い場所ほど高くなります。うねりは波長の長い滑らかな波で、なかなか減衰せずに遠くまで伝わっていきます。

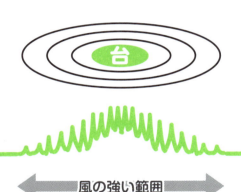

図4-1-9　風浪とうねり

4-1 台風に伴う気象災害

　台風の近くでは10mを超えるような高波になることもあり、風浪・うねりともに高く、これらが複雑に混じった状態になります。天気図上に台風があるときは、それが日本からはるか遠く離れた場所にあっても注意が必要です。台風からのうねりが届いて、波が高くなることがあるからです。海水浴などの海のレジャーに行くときは、おだやかに晴れていても気象情報をしっかり確認するようにしましょう。

▶▶ 台風に伴う高潮

　台風接近時は**高潮**にも注意が必要です。高潮は台風や発達した低気圧の近くで潮位が異常に高くなる現象のことです。この高潮には吸い上げ効果と吹き寄せ効果、2つのメカニズムが関係しています。

　気圧が低くなると、それによって海水が吸い上げられて潮位が高くなります。これが**吸い上げ効果**で一般に気圧が1hPa下がると海面は1cm上昇します。また風が沖から海岸に向かって吹くと、海面付近の海水が風によって吹き寄せられて、海面が上昇します。これが**吹き寄せ効果**です。

図4-1-10　高潮のしくみ

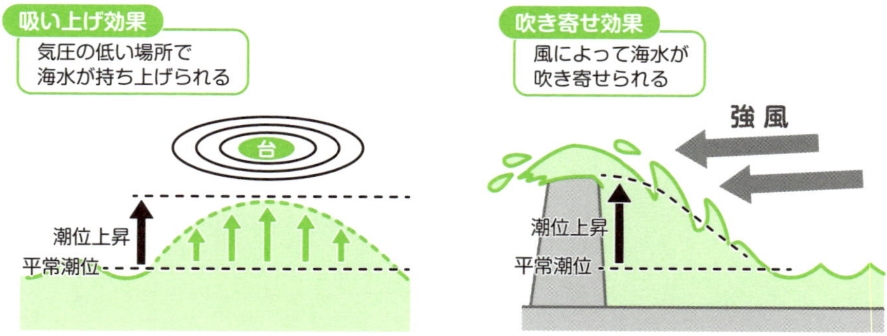

112

ここに天文由来で潮位が高くなる時期（**満潮**、特に**大潮**時の満潮）が重なると、一段と潮位が高くなり、沿岸地域が浸水するなどの被害が出るおそれがあります。明治期以降最悪の台風災害をもたらした伊勢湾台風（1959年台風第15号）は、高潮によって多数の死者・行方不明者が出ました。また直近では2018年台風第21号が大阪などに顕著な高潮被害をもたらし、関西国際空港が浸水するなどの影響が出ました。

図4-1-11　天文由来の潮位変化

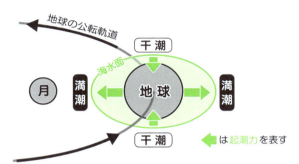

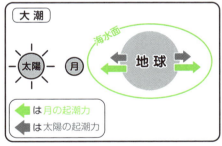

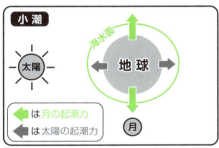

4-2

台風進路予想図

　台風に関するニュースや天気予報で必ずと言っていいほど取り上げられるのが台風進路予想図です。この台風進路予想図はどんな情報で、どのように見ればよいのかについて紹介します。

▶▶ 台風の実況

　実況は、現在の状態をあらわす情報です。台風の実況として示されるのは、大きさや強さ、中心位置、進行方向と速さ、中心気圧、中心付近の最大風速、最大瞬間風速、それから暴風域の範囲、強風域の範囲です。これらの情報は3時間ごとに発表されます。ただし、日本に接近して影響を与える可能性がある場合は、1時間ごとの発表に切り替わります。

図4-2-1　台風の実況の例

台風第7号（アンビル）　16日14時の実況	
	2024年8月16日14時45分発表
大きさ	―
強さ	非常に強い
中心位置	八丈島の北東約150km 北緯34.0度東経141.0度
進行方向と速さ	北　時速15km
中心気圧	950hPa
最大風速	45m/s
最大瞬間風速	60m/s
暴風域	全域130km
強風域	東側440km、西側330km

出典：情報は気象庁提供

4-2 台風進路予想図

　台風の大きさは強風域（風速15m/s以上の風が吹く可能性がある範囲）の半径を元に表されます。強風域の半径が500km以上800km未満は**大型**、800km以上は**超大型**となります。500km未満の場合は表記しません。

　台風の強さは中心付近の最大風速によって**強い台風**、**非常に強い台風**、**猛烈な台風**の3つの階級があります。強い台風は最大風速32.7m/s以上43.7m/s未満、非常に強い台風は最大風速43.7m/s以上54.0m/s未満、猛烈な台風は最大風速54.0m/s以上です。最大風速32.7m/s未満のときは表記しません。

　かつては中型、小型、ごく小型、並、弱いという表現も使われましたが、これらの呼称は防災上誤解を招くおそれがあり危険だということで廃止されました。

図4-2-2　台風の強さと大きさ

最大風速		風力	日本の分類		国際分類	
以上	未満		強さの階級	区分	区分	略語
	17.2m/s	7以下	―	熱帯低気圧	tropical depression	TD
17.2m/s	24.5m/s	8〜9	―	台風	tropical storm	TS
24.5m/s	32.7m/s	10〜11			severe tropical storm	STS
32.7m/s	43.7m/s	12以上	強い		typhoon	T
43.7m/s	54.0m/s		非常に強い			
54.0m/s			猛烈な			

大きさの階級	強風域の半径	
	以上	未満
―		500km
大型	500km	800km
超大型	800km	

　中心位置は中心が存在する地域名、それから北緯何度・東経何度の形で表されます。**進行方向と速さ**は、台風がどの方向にどのくらいの速さで移動しているのかを示したものです。進行方向は16方位、速さは時速（km/h）で表されます。時速9km以下で、進行方向がはっきりしているときは「**ゆっくり**」、進行方向が定まらないときは「**ほぼ停滞**」となります。

4-2 台風進路予想図

中心気圧はhPaで表されます。一般に勢力の強い台風ほど中心気圧が低くなる傾向があります。

中心付近の最大風速は瞬間的に吹く風ではなく、10分間の平均風速です。瞬間的に吹く風の強さ（3秒間平均）は**最大瞬間風速**によって表されます。

暴風域は風速25m/s以上の風が吹いている、あるいは吹く可能性がある範囲を指します。**強風域**は風速15m/s以上の風が吹いている、あるいは吹く可能性がある範囲を指します。中心付近の最大風速が25m/sに達しない場合は、暴風域はありません。

台風が日本に近づき、影響を及ぼすおそれがあるときは、台風の実況（現在位置）に加えて、**1時間後の推定位置**が1時間ごとに発表されます。

図4-2-3 暴風域・強風域と1時間後の推定位置

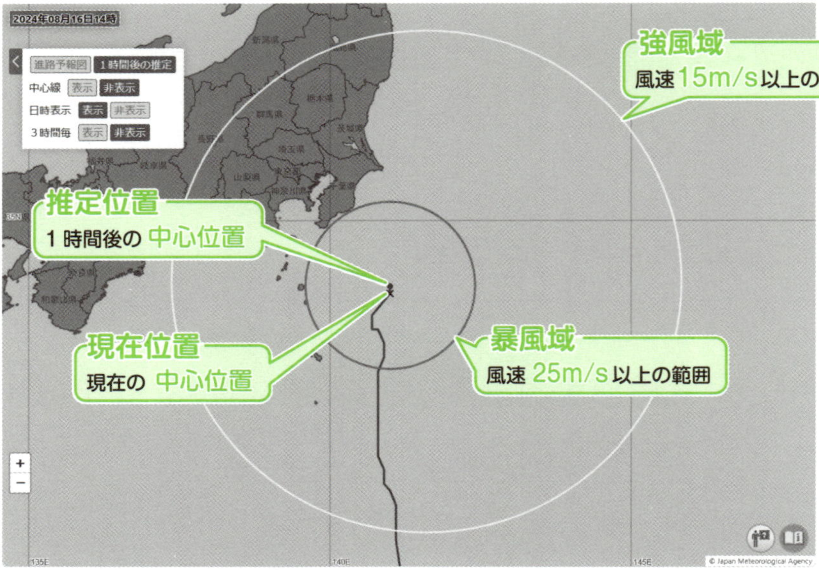

出典：気象庁ホームページの画像に筆者加筆

4-2 台風進路予想図

▶▶ 台風進路予想図

　台風進路予想図は、予想期間のちがいから**1日予報**（24時間予報）と**5日予報**（120時間予報）の2つに分けられます。

　1日予報は12時間先、24時間先のそれぞれに予想される台風の中心位置（予報円の形で表示）、それから中心気圧、最大風速、最大瞬間風速、進行方向と速さを示したものです。暴風域が予想されるときは、暴風警戒域も表されます。台風の動きが遅いときは、12時間先の予報は省略されます。3時間ごと（0時、3時、6時、9時、12時、15時、18時、21時の約50分後、ただし台風等が複数ある場合は70〜90分後になることも）に発表されます。

　台風が日本に近づき、影響が出ると考えられるときは予想の表示が3時間ごと（3時間先、6時間先、9時間先、12時間先、15時間先、18時間先、21時間先、24時間先）と細かくなります。

　5日予報は1日（24時間）ごとに5日先（120時間先）までの予想を表したものです。予想される内容は1日予報と同じで、台風の中心位置（予報円）、暴風警戒域、中心気圧、最大風速、最大瞬間風速、進行方向と速さとなっています。5日予報は3時、9時、15時、21時の約50分後（台風等が複数ある場合は70〜90分後になることも）に発表されます。

　台風の進路予想には不確実性があることから、**予報円**という形で表示されます。予報円は、その時刻に約70％の確率で台風の中心が来ると予想される範囲を丸で囲んだものです。予報円の大きさは予報の不確実性を表しています。予報円が小さいときは、進路予想が比較的当たりやすい状況と言えますが、予報円が大きいときは不確実性が大きく、どう進んでもおかしくない状態です。

　また予報円の中に台風の中心が来る確率も100％ではないので、台風対策にあたっては、一度見ておしまいではなく、最新の台風進路予想図をこまめに確認するようにしましょう。

　暴風警戒域は、台風の中心が70％確率の進路予報通りに進み、強度も予想通りになったとき、風速25m/s以上の暴風域に入る可能性がある領域です。予報円よりも予想される暴風域の半径だけ大きな円として描かれます。

第4章 台風に関する防災気象情報

4-2 台風進路予想図

図4-2-4 台風進路予想図の例

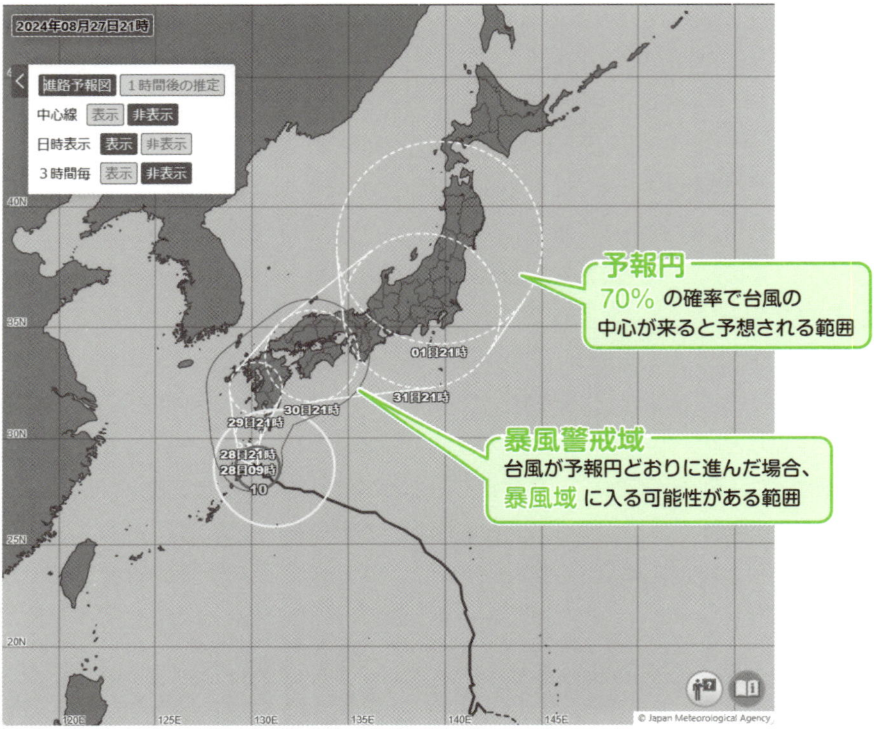

出典：気象庁ホームページの画像に筆者加筆

▶▶ 熱帯低気圧の進路予想

　　熱帯低気圧のうち、今後24時間以内に台風へと発達すると見込まれるものを**発達する熱帯低気圧**といいます。この発達する熱帯低気圧についても台風同様に5日先までの進路と強度の予想が行われています。台風になるまでの間、つまり熱帯低気圧の段階では、熱帯低気圧a、熱帯低気圧bという形で提供されます。発達する熱帯低気圧の進路予想図の見方や発表時間は、台風進路予想図と同じです。

4-2 台風進路予想図

図4-2-5 発達する熱帯低気圧の進路予想図の例

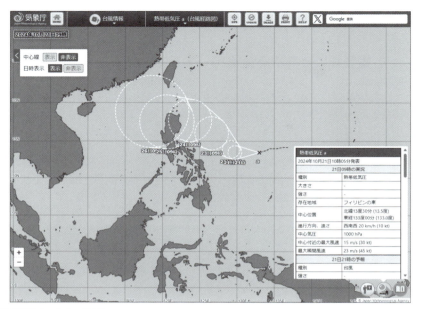

出典：気象庁ホームページより

 予報円はだんだん小さく…

　台風の進路予想は予報円の形で表示されます。この予報円はすでに述べたとおり、予想時刻に台風の中心が70％の確率で入ると考えられる領域を円で示したものです。進路予想をまっすぐな線で引かず、予報円の形で幅を持たせて表しているのは、予報の誤差を考慮しているからです。

　それでも予報技術の向上に伴い、台風の予報円は少しずつ小さくなってきています。近年では2023年6月に予報円の絞り込みが行われました。気象庁の報道発表資料によると、この絞り込みにより、5日先の予報円がそれ以前と比べて最大40％小さく表示されるようになるとのことです。

4-2 台風進路予想図

COLUMN 複雑な動きをする台風

　台風の中には、動きが複雑で進路予想がきわめて難しいものもあります。俗に**迷走台風**とも呼ばれますが、気象庁予報用語では、台風が迷走しているわけでは無いので用いないとされています。台風の動きは、そのときの気圧配置や偏西風など、広域的な気象の「場」の影響を受けます。

　台風の動きが複雑化する要因としては、2つ以上の台風や低気圧が近い位置にあるときや、台風周辺で吹く風が弱いとき、高気圧が行く手を阻んで身動きがとりにくいときなどが考えられます。

図4-2-6　複雑な動きをする台風の例

出典：気象庁ホームページより

> **Check!** 2016年台風第10号の経路図です。熱帯低気圧の期間は点線で、台風の期間は実線で表示されています。台風第10号は熱帯低気圧時代に日本の南海上を東から西へと進み、台風になった後はいったん南下してから進路を北東に変え、しばらく進んだ後、今度は進路をやや西寄りに変え、岩手県大船渡市付近に上陸しました。東北太平洋側に台風が上陸したのはこれが観測史上初めてです。

4-3

台風に関する気象情報

台風の今後の見通し、予想される雨量や風の強さ、波の高さ、注意警戒が必要な期間・地域などについて解説したものが全般台風情報です。詳しく分かりやすく書かれているので、積極的に活用していきたい情報のひとつです。

▶▶ 全般台風情報

台風発生・接近時に気象庁本庁から発表されるのが**全般台風情報**（**台風に関する気象情報**）です。全般台風情報には総合情報と位置情報の２つの種類があります。

総合情報は、現在の状況、今後の見通し、雨量や風の強さ、波の高さなどの量的予想、防災上注意警戒が必要な事項、地域、期間などを詳しく解説したものです。文字ベースでの配信を基本としていますが、必要に応じて図表形式の情報が提供されます。

併せて台風に関する地方気象情報や台風に関する府県気象情報も、必要に応じてそれぞれの該当地域に発表されます。

位置情報は台風の実況（中心位置、進行方向と速さ、中心気圧、最大風速、最大瞬間風速）と、72時間先までの24時間ごとの予想（予報円、暴風警戒域、中心気圧、最大風速、最大瞬間風速）からなります。

図4-3-1　全般台風情報（総合情報）の例

令和元年　台風第9号に関する情報　第43号

令和元年8月8日22時26分　気象庁予報部発表

大型で猛烈な台風第9号は、先島諸島に最も接近しています。沖縄地方では、9日にかけて猛烈な風が吹き、猛烈なしけが続きます。暴風やうねりを伴った高波、大雨や高潮に厳重に警戒してください。

[気象状況と予想]
大型で猛烈な台風第9号は、8日21時には石垣島の東約70キロの海上を1時間におよそ15キロの速さで北西へ進んでいます。中心の気圧は925ヘクトパスカル、中心付近の最大風速は55メートル、最大瞬間風速は75メートルで、中心から半径190キロ以内では風速25メートル以上の暴風となっています。

4-3　台風に関する気象情報

　現在、台風は先島諸島に最も接近しています。今後、台風は９日にかけて東シナ海に進むでしょう。

[防災事項]
[暴風・高波・高潮]

　台風の接近に伴って、沖縄地方では猛烈な風が吹いており、先島諸島ではうねりを伴って猛烈なしけとなっています。先島諸島では、９日夕方にかけて長時間にわたり暴風となり、海は９日にかけて猛烈なしけとなるでしょう。また、奄美地方でも、９日夜にかけて海は大しけとなる見込みです。

　　９日にかけて予想される最大風速（最大瞬間風速）は、
　　　沖縄地方　　　　55メートル（75メートル）
　　９日にかけて予想される波の高さは、
　　　沖縄地方　　　　13メートル
　　　奄美地方　　　　　8メートル
です。

　　暴風や高波に厳重に警戒してください。
　　沖縄地方では、潮位の高まっている所があります。９日にかけて高潮にも厳重に警戒してください。

[大雨・雷・突風]

　台風の接近に伴って、沖縄地方には暖かく湿った空気が流れ込んでおり、大気の状態が非常に不安定となっています。台風本体や周辺の発達した雨雲がかかるため、10日にかけて雷を伴った非常に激しい雨や激しい雨が降り、特に先島諸島では、９日昼前にかけて雷を伴った猛烈な雨が降り、大雨となるでしょう。

　　10日０時までの24時間に予想される雨量は、多い所で、
　　　沖縄地方　350ミリ
　　その後、11日０時までの24時間に予想される雨量は、多い所で、
　　　沖縄地方　100から150ミリ
です。

　　土砂災害や低い土地の浸水、河川の増水や氾濫に厳重に警戒してください。また、落雷や竜巻などの激しい突風に注意してください。発達した積乱雲の近づく兆しがある場合には、建物内に移動するなど、安全確保に努めてください。

[補足事項]

　今後の台風情報や、地元気象台が発表する警報、注意報、気象情報に留意してください。次の「令和元年　台風第９号に関する情報（総合情報）」は９日５時頃に発表する予定です。

出典：情報は気象庁提供

4-3 台風に関する気象情報

図4-3-2　図表形式の全般台風情報（総合情報）の例

令和元年　台風第１８号に関する情報　第５７号
令和元年１０月２日１８時２１分　気象庁予報部発表

＜台風第１８号が温帯低気圧に変わった後の進路と東日本・北日本への影響について＞
台風第１８号から変わった発達した低気圧が、４日から５日にかけて北日本に接近し、通過する見込みです。暴風や高波、大雨に警戒・注意してください。

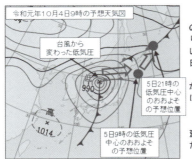

発達した低気圧と、低気圧からのびる寒冷前線の影響により、東日本では４日を中心に風が強まり、日本海側では海上を中心に非常に強い風が吹いて大しけとなる見込みです。北陸地方では、４日は暴風や高波に警戒してください。
　北日本では東北地方を中心に、４日から５日にかけて、低気圧の発達程度によっては暴風や大しけ、大雨となるおそれがあります。

（※）台風から温帯低気圧に変わっても、勢力に変化がなかったり、逆に発達する場合もあり、また強風の吹く範囲が広がることもあります。

この情報は、１７時０２分に発表した、「令和元年　台風第１８号に関する情報　第５６号」を補足するものです。

出典：情報は気象庁提供

▶▶ 発達する熱帯低気圧に関する情報

　今後24時間以内に台風に代わると予想される熱帯低気圧（発達する熱帯低気圧）についても、**発達する熱帯低気圧に関する情報**として、台風と同様に総合情報と位置情報の2つの気象情報が発表されます。

　総合情報は発達する熱帯低気圧の今後の見通し、雨や風、波などの量的予想、防災上注意が必要な事項などを詳しく解説したものです。

　位置情報は、発達する熱帯低気圧の実況（中心位置、進行方向と速さ、中心気圧、最大風速、最大瞬間風速）、それから72時間先までの24時間ごとの予想（予報円、暴風警戒域、中心気圧、最大風速、最大瞬間風速）の情報です。

4-3　台風に関する気象情報

図4-3-3　発達する熱帯低気圧に関する気象情報（総合情報）の例

発達する熱帯低気圧に関する情報　第01の05号

令和3年7月17日17時17分　気象庁発表

　熱帯低気圧から変わる台風が、18日から21日頃にかけて沖縄地方に接近する可能性があります。沖縄地方では19日は非常に強い風が吹き、大しけとなる見込みです。

[現況と予想]［気圧配置など］
　17日15時には、熱帯低気圧が日本の南にあって、1時間におよそ15キロの速さで北北西へ進んでいます。中心の気圧は1000ヘクトパスカル、中心付近の最大風速は15メートル、最大瞬間風速は23メートルとなっています。
　熱帯低気圧は今後24時間以内に台風となり、発達しながら北西へ進んで、18日から21日頃にかけて沖縄地方に接近する可能性があります。

[防災事項]
＜強風・高波＞
　熱帯低気圧から変わる台風の接近により、沖縄地方では19日は非常に強い風が吹き、大しけとなる見込みです。
　19日に予想される最大風速（最大瞬間風速）は、
　　沖縄地方　　20から24メートル（25から35メートル）
　19日に予想される波の高さは、
　　沖縄地方　　6メートル
の見込みです。
　強風や高波に注意・警戒してください。熱帯低気圧から変わる台風の進路等によっては、20日以降は、暴風となり大しけが続くおそれもあります。

＜大雨＞
　熱帯低気圧から変わる台風の進路等によっては、20日以降、沖縄地方では大雨となるおそれがあります。

[補足事項]
　今後の台風情報、地元気象台の発表する警報や注意報、早期注意情報、気象情報等に留意してください。

出典：情報は気象庁提供

4-3　台風に関する気象情報

▶▶ 上陸や通過を知らせる情報

　台風の中心が300km以内にまで近づくことを**接近**といいます。北海道・本州・四国・九州の海岸線に台風の中心が達することを**上陸**といいます。ただし、小さな島や半島を横切り、またすぐに海上へと出る場合は**通過**といいます。沖縄本島を含む南西諸島の上を台風の中心が通った場合も通過となります。定義上、沖縄県には台風は上陸しません。

図4-3-4　台風の接近と上陸、通過

接近	地点への接近	台風の中心が、その地点から300km以内に入る
	地域への接近	台風の中心が、地域内にあるいずれかの気象官署等から300km以内に入る
上陸		台風の中心が、北海道、本州、四国、九州の海岸線に到達
通過		台風の中心が島や半島を横切り、すぐ海上に出る場合

　台風の上陸や通過についても、台風に関する気象情報の一部として発表されます。台風が上陸・通過した時刻は、15分刻み（00分、15分、30分、45分）で発表されます。情報では、00分は「○時頃」、15分は「○時過ぎ」、30分は「○時半頃」、45分は「○時前」という形で表されます。

図4-3-5　台風の上陸や通過を知らせる気象情報の例

平成30年　台風第21号に関する情報　第55号
平成30年9月4日14時09分　気象庁予報部発表
台風第21号の中心は、4日14時頃に兵庫県神戸市付近に上陸しました。

令和元年　台風第15号に関する情報　第67号
令和元年9月9日02時48分　気象庁予報部発表
台風第15号の中心は、9日3時前に三浦半島付近を通過しました。

出典：情報は気象庁提供

第4章　台風に関する防災気象情報

125

4-4

暴風域に入る確率

　台風の暴風域に入ると、激しい暴風雨によって非常に危険な状態になるおそれがあります。そこで暴風域に入る可能性がどのくらいあるのか、その見通しに関する情報が発表されています。

▶▶ 分布図形式の表示

　暴風域に入る確率は、台風がこのまま予報円どおりに進んだ場合、風速25m/s以上の暴風域に入る確率がどのくらいあるのかについて表した情報です。発達する熱帯低気圧でも、予報期間内に暴風域を伴う勢力に達すると判断される場合は、同様の情報が発表されます。この情報には、分布図形式と時系列図形式の2種類があります。いずれも3時、9時、15時、21時の約60分後（台風等が複数存在するときは約70〜110分後）に発表されます。

　分布図形式のものは、5日先までに暴風域に入る確率を緯度方向0.4度×経度方向0.5度のメッシュで表したものです。6時間ごとに発表されます。

　確率が非常に高い地域は、相応の備えが必要です。また台風の予想進路内でありながら確率が低い地域は、予報期間が「5日先まで」であるという点に留意する必要があります。今後の台風の接近に伴い、暴風域に入る確率が急に高くなる可能性があります。

　また台風の進路や強さの予想には不確実性があり、先の時間になるにつれ誤差が大きくなります。現時点で確率が低いからと言っても油断はせずに、常に最新の情報を確認するよう心がけましょう。

4-4　暴風域に入る確率

図4-4-1　暴風域に入る確率（分布図形式）の例

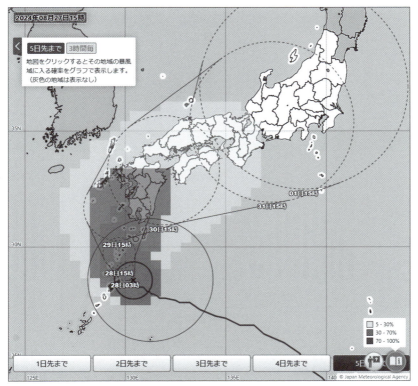

出典：気象庁ホームページより
※4色カラー版は、巻頭カラーページをご参照ください。

▶▶ 時系列図形式の表示

　　暴風域に入る確率は時系列図形式でも提供されています。市町村等をまとめた地域（➡128ページ）の単位で、3時間ごとに5日先（120時間先）までの確率が数値で示されています。この情報は6時間ごとに更新されています。

　　時系列図から暴風域に入りはじめる時刻、入っている時刻、抜ける時刻をある程度推測することができます。

　　暴風域に入りはじめる可能性がもっとも高いのは、確率が急に高くなるあたりです。しかし早ければ、一桁でも数値が出ている時刻から暴風域に入る可能性があります。

　　数値がもっとも高い期間が暴風域内にあると考えられる時間帯です。

4-4　暴風域に入る確率

　確率の数値が急速に低くなるあたりが暴風域から抜けるタイミングと推定されますが、予想より長引く可能性があります。数値が低くても確率が0ではない以上、油断は禁物です。

　また全体的に言えることですが、これらの予想には不確実性を伴います。一度見て終わりではなく、常に最新の情報を確認し、予想が修正された場合でも柔軟に行動できるよう、ゆとりをもった行動計画を立てておく必要があります。

図4-4-2　暴風域に入る確率（時系列図形式）の例

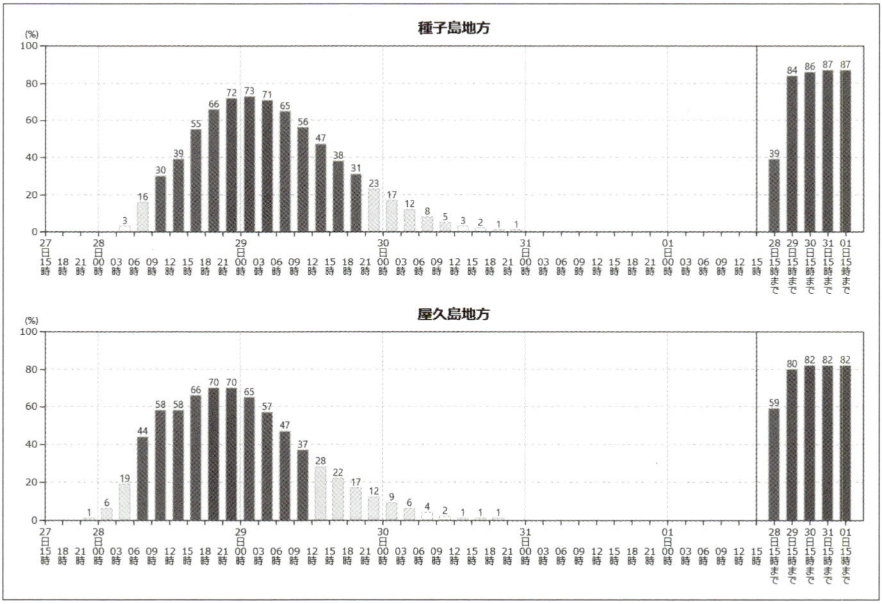

出典：気象庁ホームページより

大雨に関する防災気象情報

　大雨災害は気象災害の代表的存在です。局地的大雨（いわゆるゲリラ豪雨）や、線状降水帯などによる集中豪雨のほか、台風による大雨も大きな災害を引き起こす要因となります。大雨による災害は大きく土砂災害、浸水害、洪水害の3種類に分けられます。ここではこれらの大雨災害はどのようなもので、それに対してどのような防災気象情報が発表されるのかについて詳しくみていきます。

5-1

大雨になりやすい気象条件

気象災害の中で発生頻度が高いのが大雨に伴う災害です。近年は大雨災害の頻発化・激甚化が社会問題化しています。第5章では大雨災害について詳しく取り上げます。まずは大雨に注意が必要な気象条件を紹介します。

▶▶ 大雨はどのような雨か

大雨は災害が発生するおそれのある雨のことです。雨の降りかたが強まり、雨量が多くなることで引き起こされます。

災害につながる雨は大きく2つのタイプがあります。ひとつは総雨量が多くなった結果、災害のリスクが高まるものです。以下のような条件のときに起こりやすいものです。

① 台風や熱帯低気圧の接近
② 低気圧が発達しながら通過
③ 前線活動の活発化（特に梅雨期・秋雨期）など

このタイプの大雨は広域にわたることが多く、しばしば記録的な大雨となって、重大な災害が同時多発的に発生するおそれがあります。特に台風と前線の組み合わせは最悪です。台風接近前から前線の活動が活発となって雨量が多くなり、そこに台風本体による大雨が重なるため、大規模水害につながるリスクが非常に高くなります。

もうひとつは短い時間に雨が激しく降るタイプで、いわゆるゲリラ豪雨と呼ばれるものです。総雨量としては大したことが無くとも、降りかたが激しいために雨水の排水能力が追いつかず、その結果浸水被害などをもたらすものです。このタイプの雨は全国どこでも起こり得ますが、都市化の進んだ地域で被害が出やすいため**都市型水害**とも呼ばれています。このタイプの雨は大気の状態が不安定なときに起こりやすく、具体的には次のような気象条件のときは要注意です。

5-1 大雨になりやすい気象条件

① 上空に強い寒気が流れ込んできているとき
② 地上の気温が極端に高くなったとき
③ 台風や熱帯低気圧の接近　など

①や②によって、地上と上空の気温差が大きくなると、それを解消しようと上下方向のかき混ぜ（対流）が起こります。この対流によって積乱雲がわき立ち、それが急に激しく降る雨の原因となります。

図5-1-1　大気の状態が不安定の模式図

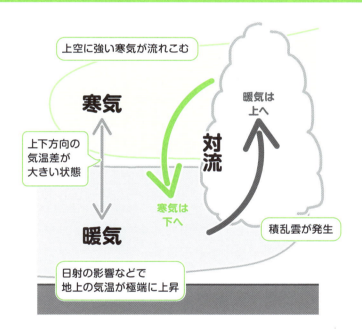

③のうち、台風の一番外側の雲（外側降雨帯）は、まだ台風の中心が遠くにあって対策が比較的薄い段階で天気の急変をもたらすことがあります。それから外側降雨帯の積乱雲は竜巻などの激しい突風を引き起こしやすいことが指摘されています。

5-1　大雨になりやすい気象条件

　いずれにせよ、大雨の主因となる雲は積乱雲です。そのため大雨が予想されるときは、同時に落雷や竜巻などの激しい突風、雹など、積乱雲が引き起こす破壊的な現象にも注意が必要です。

　なお1時間雨量5〜10mm程度でも、長く降り続くときは要注意です。総雨量が多くなって土砂災害などの大雨災害につながることがあります。

▶▶ 局地的大雨と集中豪雨

　局地的大雨は、気象庁の予報用語では「急に強く降り、数十分の短時間に狭い範囲に数十mm程度の雨量をもたらす雨」と定義されています。散発的に発生・発達する積乱雲によってもたらされる雨で、大気の状態が不安定なときに発生しやすいものです。数km〜十数km程度の比較的狭い範囲で急に激しく降るものの、持続時間は短く、長くても数十分程度でおさまります。ただし、大気の状態が特に不安定なときは、広域で積乱雲が発生しては消えを繰り返し、場所によっては複数回の局地的大雨に見舞われることもあります。

　局地的大雨の場合、突然雨が激しく降って急に状況が悪くなり、対応が間に合わずに被害を受けてしまうおそれがあります。大雨や洪水に関する警報等の発表も間に合わないことがあります。河川や水路の急な増水、道路冠水などが起きる可能性があります。また発達した積乱雲に伴う雨なので、落雷や竜巻などの激しい突風、雹などにも注意が必要です。

　一方の**集中豪雨**は気象庁の予報用語で「同じような場所で数時間にわたり強く降り、100mmから数百mmの雨量をもたらす雨」と定義されています。ひとつの積乱雲の寿命は1時間程度で、雨が激しく降る範囲もせいぜい十数km程度ですが、何らかの理由で積乱雲が同じような場所で次々と発生・発達を繰り返すことがあります。そうすると積乱雲がひとつ通過してもまた次の積乱雲が頭上に来るというのを繰り返し、結果として雨の激しい状態が何時間も続くことになります。これがいわゆる集中豪雨で、記録的な大雨となることも多く、重大な大雨災害につながる非常に危険な状態です。台風接近時、あるいは梅雨の後半で、大量の水蒸気が流れこんでくるようなときに起こりやすい傾向があります。

　そして、この集中豪雨の原因として注目されているのが**線状降水帯**です。

5-1 大雨になりやすい気象条件

図5-1-2 局地的大雨と集中豪雨のちがい

	局地的大雨	集中豪雨
原因となる雲	散発的に発達する積乱雲など	線状降水帯など
起こりやすい気象条件	・上空の強い寒気（主に夏季） ・地上気温の極端な上昇 ・台風や熱帯低気圧の接近 など	・台風や熱帯低気圧の接近 ・台風と前線の組み合わせ ・梅雨期後半 など
総雨量	数十mm程度	数百mm程度
持続時間	数十分程度	数時間程度
おもな注意事項	・水路・河川の急な増水 ・アンダーパスや地下街の冠水 ・突然かつ急激な状況悪化 ・落雷、突風、雹など	・土砂災害 ・河川はん濫など大規模水害 ・夜間の状況悪化による逃げ遅れ ・落雷・突風など

▶▶ 線状降水帯

　集中豪雨の時に見られる線状降水帯は、長さ50〜300km、幅20〜50km程度の細長い降水帯です。この降水帯は積乱雲が次々と発生し、列をなして並んだものです。降水帯の動きは遅く、積乱雲が同じような場所に次々とかかり続けるため、雨の激しい状態が長く続きます。その結果、数時間のうちにこれまで経験したことのないような記録的な大雨となり、重大な災害を引き起こします。

　線状降水帯にもいくつかタイプがありますが、その代表的なものは**バックビルディング型**です。風上側で新しい積乱雲が次々発生し、風下側へと発達しながら動いていくものです。先にお話ししたように個々の積乱雲の寿命は1時間程度ですが、積乱雲の後ろに新しい積乱雲が発生し、その後ろにまた新しい積乱雲が…というのを繰り返すため、降水帯としての形は比較的長く維持されます。

第5章 大雨に関する防災気象情報

図5-1-3 バックビルディング型の線状降水帯

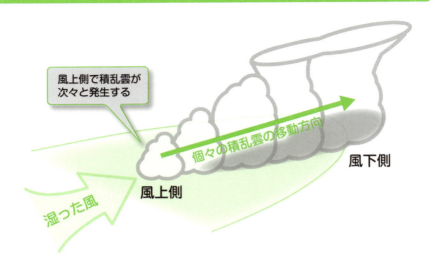

　この線状降水帯を気象衛星雲画像で見ると、発生点がとがった細長いにんじんのような形に見えることから**にんじん雲**とも呼ばれます。

　線状降水帯は梅雨前線や台風などの影響で、湿った空気が次々と流れこむようなときに発生しやすい傾向があります。特に**大気の川**と呼ばれるような大量の水蒸気を含んだ空気の流れがあるときは警戒が必要です。ただ、線状降水帯が発生しやすい気象条件はある程度推測できるものの、いつどこで、どの程度の規模のものが発生するかといった予測は現時点では非常に難しく、今後の課題となっています。

5-2

大雨に伴う気象災害

　大雨によって引き起こされる災害は、大きく土砂災害、浸水害、洪水害の3つに分けられます。防災気象情報もこの3つの災害を念頭に情報体系が構築されています。ここではこれらの大雨災害についてみていきます。

▶▶ 土砂災害（土砂崩れ）

　土砂災害にもさまざまなタイプがありますが、大きく土石流、急傾斜地崩壊、天然ダム（河道閉塞）、地すべりの4つに分類されます。

図5-2-1　土砂災害の種類

| | | 土石流 | 急傾斜地崩壊 | | 地すべり | 河道閉塞 |
			表層崩壊	深層崩壊		
別名等		山津波、鉄砲水 など	がけ崩れ など	山崩れ など	―	天然ダム など
現象の概要		大量の水や土砂、流木などが谷筋を一気に流れ下る現象	斜面の土砂が一気に崩れ落ちる現象	岩盤ごとえぐられるような大規模な土砂崩落	地下水や重力の影響で斜面がゆっくり滑り落ちるように移動する	がけ崩れなどで発生した土砂により川がせき止められた状態
現象の規模		数km程度流下	広がり：数十m程度 深さ：2m未満	広がり：数百m以上 深さ：2m以上	大規模になりやすい	―
発生のめやす		表面流出流があり、さらに1時間雨量50mm程度の雨	大雨により数年に一度クラスの土壌雨量指数到達	大雨により数十年に一度クラスの土壌雨量指数到達	長雨や雪融け水などによる地下水位の上昇	深層崩壊や土石流伴う
防災情報の対象	土壌雨量指数	○	○	―*1	―	―
	大雨警報等	○	○	―*2	―	―
	土砂災害緊急情報	―	―	―	○	○

＊1：土壌雨量指数は深層崩壊を対象としていないものの、数値が大きくなるとリスクは高まる

＊2：大雨（土砂災害）の警報等では、「大雨、大雪等による崖崩れ、土石流等の土砂崩れ」としており、深層崩壊については明言していないが、同様の注意警戒は必要と考えられる

第5章 大雨に関する防災気象情報

135

5-2 大雨に伴う気象災害

土石流は大量の水や土砂、流木などが谷筋を一気に流れ下る現象で、破壊力が強く、巻きこまれると非常に危険です。集中豪雨などで山間部に大量の雨が降ったときに発生しやすくなります。

急傾斜地崩壊はさらに表層崩壊と深層崩壊の2つに分けられます。

表層崩壊はいわゆる**がけ崩れ**のことで、土の中にしみこんだ水分によって地盤が緩み、斜面の土砂が一気に崩れ落ちる現象です。一般に数十m程度の広がりで、深さは2m未満のものを指します。

深層崩壊は岩盤ごとえぐられるような大規模な土砂崩落で、その広がりは数百m以上、深さは2m以上になります。土壌雨量指数が数十年に一度レベルに達するような記録的な大雨によって発生することがあります。また雨がやんだ後に発生することもあるため、記録的な大雨になった後、しばらくは注意が必要です。

天然ダム（**河道閉塞**）は、がけ崩れなどで発生した土砂により川がせき止められた状態です。上流側では滞留した川の水があふれて、それによる浸水被害が発生するおそれがあります。また天然ダムが崩れると土石流となって下流に押し寄せる危険があります。

地すべりは地下水や重力の影響で斜面がゆっくり滑り落ちるように移動する現象です。

土砂災害のうち、土壌雨量指数（➡5-3：142ページ）が対象としている現象は土石流とがけ崩れ（急傾斜地表層崩壊）です。

大雨によって土石流やがけ崩れのおそれがあるときは、その程度に応じて防災気象情報が発表されます。警戒レベル2は大雨（土砂災害）注意報、警戒レベル3は大雨（土砂災害）警報、警戒レベル4は土砂災害警戒情報、警戒レベル5は大雨（土砂災害）特別警報です。

土砂災害は大雨以外の現象でも発生します。その場合、原因となる現象に応じて発表される警報等が異なります。大雪の場合は大雪注意報・警報・特別警報、なだれの場合はなだれ注意報、雪融け水による場合は融雪注意報に含める形で発表されます。

それから火山噴火による土石流、天然ダムによる土石流等、それから地すべりといった、大規模な土砂災害が急迫しているときは、土砂災害防止法にもとづく「緊急調査」が実施されます。その結果を元に、土砂災害のおそれがある区域、時期を記した**土砂災害緊急情報**が発表されます。

5-2 大雨に伴う気象災害

土砂災害の起こりやすさとして地質の状態や土壌水分量などが関係しています。大雨によって大量の雨水が土の中にしみこむと、土壌水分量が急激に増え、土砂災害も起こりやすくなります。土壌水分量はすぐには減らないため、雨が弱まった後もしばらくは土砂災害への警戒が必要です。また、すでにかなりの雨が降っているときや、地震などで地盤が緩んでいるときは、少しの雨でも土砂災害が発生するおそれがあります。

▶▶ 浸水害

浸水は気象庁の予報用語で「ものが水にひたったり、水が入りこむこと。」と定義されています。それによって起きる被害を**浸水害**といいます。浸水害の原因になる現象としては、大雨、融雪（多雪地帯で発生する大量の雪融け水）、高潮、津波、洪水が挙げられます。

道路が水につかることを**道路冠水**、田畑などの農地が水に浸かることを**農地冠水**と呼ぶこともあります。

大雨による浸水害としては、排水能力を上回るレベルの雨が降った結果、大量の雨水が地表にたまって起こるものが代表的で、内水はん濫とも呼ばれます。周囲よりも標高が低く、水が集まりやすい谷底地形やくぼ地などで発生しやすい災害です。また勾配がほとんど無い平地も水はけが悪いため要注意です。それから地面の多くがアスファルトに覆われた市街地も、雨水が地面にしみこんでいかず表面を流れていくため、雨が激しく降る時間が短くても、浸水被害が起こりやすい場所です。

大雨による浸水害に対応する警報等は「大雨（浸水害）」です。なお大雨時は河川のはん濫による浸水害（洪水害）がしばしば発生しますが、これに対応する警報等は「大雨（浸水害）」ではなく「洪水」となります。洪水害については次項で詳しくお話しします。

▶▶ 洪水害

大雨によって河川の水が増えたり、あふれたりした結果起こる被害を総称して**洪水害**といいます。河川の水が増えることを**増水**、堤防を越えて河道外にあふれることを**はん濫**といいます。洪水害に伴う被害としては、河川管理施設の損傷や、はん濫水による人的被害、物的被害、建物被害などが挙げられます。

第5章　大雨に関する防災気象情報

5-2 大雨に伴う気象災害

　堤防が整備された河川では、堤防によって守られている側（人の居住区域側）を**堤内地**、河川区域を**堤外地**といいます。また、河川水（堤外地側からの水）を**外水**、堤内地側で発生した水を**内水**といいます。そして水害は、外水由来か内水由来かによって、大きく外水はん濫、内水はん濫、湛水型の内水はん濫の3つに分けられます。

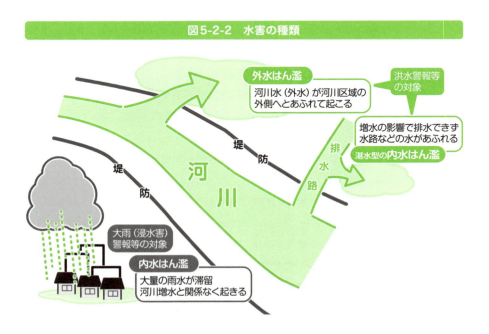

図5-2-2　水害の種類

　外水はん濫は河川の水が堤内地側へと流れこんだ状態です。外水はん濫には、堤防からあふれる**越水**（**溢水**）、堤防が壊れて河川水が一気に流れだす**決壊**（**破堤**）、堤防に亀裂が入ったり穴が開いたりするなどしてそこから河川水が漏れてくる**漏水**があります。特に危険なのは決壊で、ひとたび起きると大量の河川水が濁流となって街を襲い、大津波に匹敵するような壊滅的な被害が出るおそれがあります。

5-2 大雨に伴う気象災害

図5-2-3 外水はん濫のタイプ

越水（溢水）	決壊（破堤）	漏水
河川水が堤防からあふれて、河川区域の外側へと流れ出る	堤防がこわれ、そこから河川水が勢いよく流れだす	堤防に亀裂が入るなどして、そこから水がしみ出してくる

内水はん濫は、河川の増水に関係なく起きる水害です。局地的大雨（いわゆるゲリラ豪雨）などで排水能力を上回る勢いで雨が激しく降った結果、大量の雨水がたまって起きるものです。都市部で起こりやすいため**都市型水害**とも呼ばれます。

都市部は地面の多くがアスファルトに覆われているため、降った雨水は地中にほとんどしみこまず、そのまま地表を流れていきます。そのため短時間でも雨が激しく降ると、すぐに排水能力の限界に達し、大量の雨水が行き場を失って低いところに集まるからです。

もうひとつ、**湛水型の内水はん濫**と呼ばれるものがあります。これは基幹となる河川の水位が上昇した結果、周囲で降った雨水が河川へと流れこめずに滞留し、あふれて起こるタイプの水害です。

これら3つの水害のうち、河川の増水に関係なく起きる「内水はん濫による被害」は浸水害として扱われます。そのため対応する警報等は「大雨（浸水害）」です。残りの外水はん濫と湛水型の内水はん濫は、いずれも河川の増水に起因する水害なので、洪水害として扱われ、「洪水」の警報等の対象となります。

5-2 大雨に伴う気象災害

　なお洪水害での留意事項として、今いる場所はもちろん、上流部での雨の降りかたに気をつける必要があります。仮に今いる場所で雨がそれほど降っていなくても、上流で大雨となった場合は、そこからの雨水が流れ下ってきて、急に水位が上昇することがあります。場合によってはしばらく経ってから時間差で増水してくることもあります。また上流部の大雨に対応するためにダムの放流が行われ、それにより急な増水が発生することがあります。

　さらにダムの調整能力を上回るレベルの大雨となったときは、ダムの水を貯水せずにそのまま流す**異常洪水時防災操作（緊急放流）**が行われます。ダムによる水位調整が行われなくなるため、下流で一気に増水し、はん濫が発生するおそれがあります。

　これらのダムの放流が行われるときは、その旨を通知するためのサイレンが流れます。

図5-2-4　ダム放流時の注意を促す看板

5-3

大雨に関する３つの指数

　現在、大雨災害に関する防災気象情報の発表基準として重視されているのが土壌雨量指数、表面雨量指数、流域雨量指数の３つの指数です。これらの指数がそれぞれどのようなものなのかについて解説します。

▶▶ 雨量から指数へ

　雨に関する警報・注意報は「大雨」と「洪水」の２つがあります。そのうち「大雨」は土砂災害と浸水害を、「洪水」は洪水害（河川の増水・はん濫による災害）を対象にして発表されます。なお2010年から「大雨」は、「大雨（土砂災害）」と「大雨（浸水害）」の２つを区別するかたちで発表されるようになりました。

　かつて、これらの警報・注意報の発表基準は、対象区域内の雨量（１時間雨量、３時間雨量、24時間雨量）のみを指標にしていましたが、現在は災害発生メカニズムを細やかに再現した「指数」を元にしています。危険度の高まりの指標となる「指数」は災害ごとに異なり、土砂災害は土壌雨量指数、浸水害は表面雨量指数、洪水害は流域雨量指数（一部、表面雨量指数との複合基準）が使われています。

図5-3-1　大雨に関する３つの指数

5-3 大雨に関する３つの指数

　警報等のうち「大雨」に土壌雨量指数が導入されたのは2008年５月から、表面雨量指数が導入されたのは2017年７月上旬からです。

　「洪水」は2008年５月から一部の河川で雨量と流域雨量指数の複合基準が導入されました。2017年７月上旬からは全国で流域雨量指数による警報等の運用が本格化し、それに伴い雨量の基準は不使用となりました。ただし湛水型の内水はん濫が想定される場所は、流域雨量指数と表面雨量指数の複合基準となっています。

図5-3-2　雨に関する警報等の発表基準の変遷

	大　雨		洪　水
	土砂災害	浸　水	
それ以前	雨量	雨量	雨量
2008年 ５月～	土壌雨量指数 （5kmメッシュ）	雨量	雨量＋流域雨量指数（5kmメッシュ） 対象：約4000河川、長さ15km以上
2017年 ７月～現在	土壌雨量指数 （5kmメッシュ）	表面雨量指数 （1kmメッシュ）	流域雨量指数（1kmメッシュ） 対象：全国約21,000河川

▶▶ 土壌雨量指数

　土の中にしみこんだ雨水がどのくらい貯留しているのかを数値で表したのが**土壌雨量指数**です。雨がたくさん降り、土の中に貯留する水の量が多くなればなるほど、地盤が緩んで土砂災害が起こりやすくなります。そのため土壌雨量指数は土砂災害の起こりやすさを判断するための指標になります。なお土壌雨量指数が対象としている土砂災害は、急傾斜地表層崩壊（がけ崩れ）と土石流です。

　土壌雨量指数は、大雨（土砂災害）の注意報や警報・特別警報、土砂災害警戒情報の発表基準になっています。これらの情報は原則市町村区単位ですが、土砂災害の危険度は局地性が強く、同じ市町村内でも場所によって大きく異なります。

　そこで危険度の詳細を知るために公開されているのが土砂キキクル（➡5-5：157ページ）です。これは1kmメッシュごとに計算された土壌雨量指数の分布図で、10分ごとに更新されています。

　土壌雨量指数の計算に使われているのが**タンクモデル**と呼ばれる概念です。これは降った雨が地面に浸透し、流れ出る様子を数式で再現するために作られたモデルです。気象庁では３つのタンクを使った**直列3段タンクモデル**による計算が行われています。

142

3つのタンクにはそれぞれ流入（入ってくる水）と流出（出ていく水）が想定され、それを元に式が組み立てられていきます。

一番上の第1タンクの流入は降った雨（降水）、流出は地表を流れる水（**表面流出**）と、その下の第2タンクへと**浸透**していく水に相当します。第2タンクでの流入は第1タンクから浸透してきた水、流出は**表層浸透流出**と、さらに下の第3タンクへと浸透していく水に相当します。一番下の第3タンクでの流入は、第2タンクから浸透してきた水、流出は**地下水流出**と、さらに深いところへと浸透していく水に相当します。そしてこれら3つのタンクの中に残っている水の合計が土の中に貯留している水分量、すなわち土壌雨量指数です。

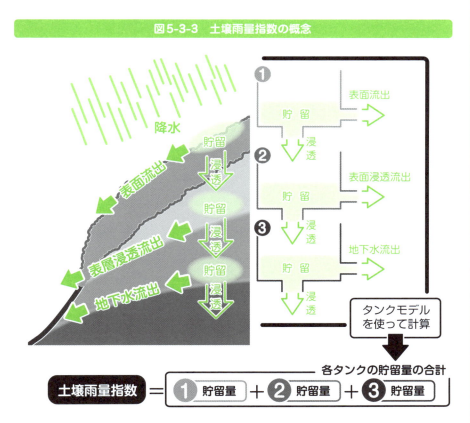

図5-3-3　土壌雨量指数の概念

5-3 大雨に関する３つの指数

▶▶ 表面雨量指数

「雨水が地表にどのくらい貯留しているのか」を数値化したものが**表面雨量指数**です。

大量の雨水があまり地面にしみこまないまま地表にたまると、道路や田畑、建物などが水に浸かる浸水害の原因になります。表面雨量指数は浸水危険度の指標となるため、大雨（浸水害）の警報・注意報の発表基準として使われています。また洪水警報・注意報のうち、湛水型の内水はん濫に起因するものに関しては、表面雨量指数と流域雨量指数を組み合わせた**複合基準**が使われています。

表面雨量指数の１kmメッシュごとの計算結果は、浸水キキクル（➡5-5：158ページ）の愛称で分布図が公開されています。

表面雨量指数も土壌雨量指数同様にタンクモデルが使われています。タンクからの流出量はその場における表面流出の強さを表します。そこに**地形補正係数**（傾斜のあるところは水がたまりにくいという地形の影響を考慮したもの）を掛けて、表面雨量指数を算出します。

さらに土地利用形態（**都市化率**）に応じて、**都市部**では**直列５段タンクモデル**、**非都市部**では直列３段タンクモデルと、モデルを使い分けています。

アスファルトに覆われた都市部では、降った雨水はあまり地中に浸透しないまま表面を流れていきます。直列五段タンクモデルではそれを考慮した計算が行われています。

非都市部は降った雨水の多くは土の中にしみこみます（浸透）。その程度は主となる地質によって異なるため、地質に応じた５種類の直列３段タンクモデルが用意されています。

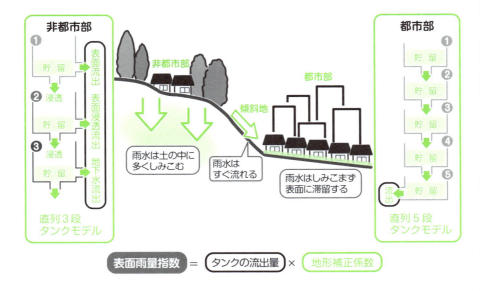

図5-3-4 表面雨量指数の概念

流域雨量指数

　洪水害の危険度を表す指標として使われるのが流域雨量指数です。これは流域で降った雨水が川へと流れこむ過程（**流出過程**）、雨水が流れこんだ後の河川の水の流れ（**流下過程**）を計算式で表現し、数値化したものです。

　流出過程の計算は、表面雨量指数と同様に都市用タンクモデル（直列5段タンクモデル）と非都市用タンクモデル（直列3段タンクモデル）が使われています。これを計算することで、河川に流れこむ雨水の量が分かります。

　流下過程では、**マニング式**と連続の式（**水量の保存則**）を用いて、河川に沿って流下する雨水量を1kmメッシュの単位で計算します。河川の合流がある場合は、それぞれの河川に沿って流下してきた雨水量を合算します。そして河川の対象地点における雨水量の平方根を流域雨量指数とします。

　流域雨量指数は洪水警報・注意報の発表基準として用いられています。また流域雨量指数によって判定された洪水の危険度の分布図は洪水キキクル（→5-5：160ページ）として公開されています。

5-3 大雨に関する3つの指数

図5-3-5 流域雨量指数の概念

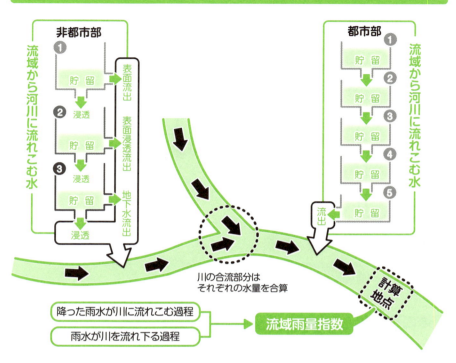

COLUMN 雨や風の強さを表す言葉

天気予報やニュースなどで使われる「激しい雨」「非常に強い風」などの表現は、主観で使っているわけではなく、きちんと数値をもとにした定義がなされています。

風の強さをあらわす語

予報用語	平均風速(m/s) 以上	未満
やや強い風	10	15
強い風	15	20
非常に強い風	20	30
猛烈な風	30	

雨の強さをあらわす語

予報用語	1時間雨量(mm) 以上	未満
やや強い雨	10	20
強い雨	20	30
激しい雨	30	50
非常に激しい雨	50	80
猛烈な雨	80	

5-4 大雨に伴って発表される情報

大雨時は状況に応じてさまざまな種類の防災気象情報が発表されます。そして一部は5段階の警戒レベルと関連付けられています。ここではこれらの大雨に関係する防災気象情報についてまとめて紹介します。

▶▶ 大雨時の情報体系

大雨が予想されるときに発表される防災情報の種類とその危険度、警戒レベルとの関係を図5-4-1に示します。大雨時に注意警戒が必要な災害は浸水害、土砂災害、洪水（河川のはん濫）の3つで、発表される防災気象情報もこの3つの現象について、危険度の高まりに応じた情報が出されています。

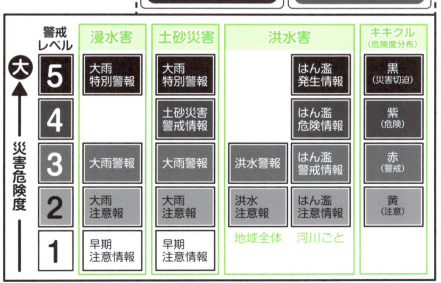

図5-4-1　大雨時の情報体系と警戒レベル

5-4　大雨に伴って発表される情報

　大雨による災害が予想されるときは、まず**気象情報**が発表されます。それが警報基準に達するレベルと見込まれるときは、警戒レベル1の**早期注意情報**も併せて発表されます。そして雨が降りはじめ、災害に注意が必要な状況が見込まれるときは、注意報が発表されます。浸水や土砂災害への注意は**大雨注意報**、洪水への注意は**洪水注意報**として呼びかけられます。大雨注意報、洪水注意報は警戒レベル2に相当する情報です。

　雨が強まり、重大な災害が発生するおそれが出てくると、警報に切り替えられます。土砂災害と浸水への警戒は**大雨警報**、洪水への警戒は**洪水警報**として発表され、いずれも警戒レベル3（高齢者等避難）に相当する情報です。

　土砂災害の危険度がさらに高まったときには、**土砂災害警戒情報**が発表されます。土砂災害警戒情報は警戒レベル4（全員避難）に相当する情報です。そして命に関わる重大事態で最大級の警戒が必要な状態になったときに発表されるのが**大雨特別警報**（土砂災害・浸水）です。大雨特別警報は警戒レベル5に相当する情報です。

　洪水によって重大もしくは相当な被害が発生するおそれがある河川については、大雨に伴う河川災害の危険度が**指定河川洪水予報**として発表されます。河川の水位に応じて、はん濫注意情報（警戒レベル2）、はん濫警戒情報（警戒レベル3）、はん濫危険情報（警戒レベル4）、はん濫発生情報（警戒レベル5）が発表されます。

　その他、数年に1度あるかどうかの1時間雨量を観測したときは**記録的短時間大雨情報**がその都度発表されます。また記録的な大雨の原因となる線状降水帯が発生したときは「顕著な大雨に関する気象情報（線状降水帯発生情報）」が、発生する可能性があるときは「線状降水帯による大雨の半日程度前からの呼びかけ（線状降水帯予測情報）」が発表されます。

▶▶ 記録的短時間大雨情報

　数年に一度あるかどうかの1時間雨量を観測したときに発表されるのが**記録的短時間大雨情報**です。

　アメダスなどの雨量計による地上気象観測、あるいは解析雨量のデータを元に発表されます。記録的短時間大雨情報の発表基準は地域によって異なりますが、1時間雨量100mm前後のところが多くなっています。この情報が発表されたときは、災害につながるような雨量が実際に観測されたということを意味します。キキクル（➡5-5：156ページ）や河川情報を確認し、安全な場所に移動するか、身の安全を確保するための行動を取るようにしましょう。

5-4　大雨に伴って発表される情報

図5-4-2　記録的短時間大雨情報の例

新潟県記録的短時間大雨情報　第6号

2022年08月04日01時44分　気象庁発表

1時40分新潟県で記録的短時間大雨
関川村下関で131ミリ
1時30分新潟県で記録的短時間大雨
関川村付近で120ミリ以上

出典：情報は気象庁提供

図5-4-3　記録的短時間大雨情報の発表基準

地方予報区	府県予報区等	発表基準（1時間雨量）	地方予報区	府県予報区等	発表基準（1時間雨量）	地方予報区	府県予報区等	発表基準（1時間雨量）
北海道	石狩、空知、胆振、日高、渡島、檜山	100mm	東海	三重	120mm	四国	徳島（南部）、高知	120mm
	上川、留萌、網走、北見、紋別、十勝	90mm		静岡	110mm		徳島（北部）	110mm
				愛知、岐阜	100mm		愛媛	100mm
	宗谷、後志、釧路、根室	80mm	北陸	新潟（上越、中越、下越）、富山、石川	100mm		香川	90mm
東北	秋田、岩手、宮城、山形、福島	100mm		新潟（佐渡）、福井	80mm	九州北部	福岡、大分、長崎、佐賀、熊本	110mm
			近畿	兵庫（南部）、和歌山	110mm		山口	100mm
	青森	90mm		大阪、兵庫（北部）、奈良	100mm	九州南部	宮崎、鹿児島（奄美含む）	120mm
関東甲信	栃木	110mm		滋賀、京都	90mm	沖縄	宮古島、石垣島	120mm
	茨城、群馬、埼玉、千葉、神奈川、山梨、長野、東京（東京地方、伊豆諸島）	100mm	中国	広島	110mm		沖縄本島	110mm
				岡山（北部）、島根	100mm		大東島、与那国島	100mm
	東京（小笠原諸島）	80mm		岡山（南部）、鳥取	90mm			

▶▶ 線状降水帯に関する情報

　　線状降水帯は、積乱雲が次々と発生・発達し、列をなして同じような場所を次々と通過していく現象です（詳しくは5-1：133ページ）。雨の激しい状態が長く続き、数時間で数百mmという記録的な大雨をもたらします。そのため、ひとたび発生するとあっという間に危険な状況となり、大きな災害につながります。つまり線状降水帯の動向に関する情報は、大雨災害から命を守るためにも非常に重要です。

5-4 大雨に伴って発表される情報

　その一方で、現在の技術では線状降水帯の発生場所や発生時刻、その後の動きを正確に予測することは難しいという問題もあります。そこで現在は、線状降水帯の発生を速報的に知らせる「**顕著な大雨に関する気象情報**」(線状降水帯発生情報)が、気象情報(➡3-1：66ページ)として提供されています。

図5-4-4　顕著な大雨に関する気象情報の例

顕著な大雨に関する全般気象情報　第1号
2024年08月31日13時57分　気象庁発表
三重県では、線状降水帯による非常に激しい雨が同じ場所で降り続いています。命に危険が及ぶ土砂災害や洪水による災害発生の危険度が急激に高まっています。

出典：情報は気象庁提供

　あわせて、気象庁ホームページの「雨雲の動き」(降水ナウキャスト)で、線状降水帯の位置が丸囲み(実線)で表示されます。また30分先までの線状降水帯の予想位置が、10分ごとに点線の丸囲みで示されます。

図5-4-5　降水ナウキャストでの線状降水帯情報の例

出典：気象庁ホームページより
※4色カラー版は、巻頭カラーページをご参照ください。

5-4　大雨に伴って発表される情報

また、今後線状降水帯が発生する可能性がある気象状況になると考えられるときは、半日程度前にその旨を呼びかける「**線状降水帯による大雨の半日程度前からの呼びかけ**」（線状降水帯発生予測情報）が行われます。線状降水帯発生予測情報は、新しい形の情報ではなく、従来からの気象情報の中に含める形で扱われます。

図5-4-6　線状降水帯による大雨の半日程度前からの呼びかけの例

大雨に関する四国地方気象情報　第2号

2023年06月01日16時01分　高松地方気象台発表

　四国地方では、2日午前中から夜にかけて、線状降水帯が発生して大雨災害の危険度が急激に高まる可能性があります。土砂災害や低い土地の浸水、河川の増水や氾濫に警戒してください。

　西日本に停滞する梅雨前線に向かって、台風周辺からの非常に暖かく湿った空気が流れ込み、2日は梅雨前線の活動が活発となる見込みです。
　このため四国地方では、大気の状態が非常に不安定となるでしょう。

[雨の予想]
　2日朝から夜のはじめ頃にかけて、局地的に雷を伴った非常に激しい雨が降る見込みです。
2日に予想される1時間降水量は、いずれも多い所で、
　瀬戸内側　50ミリ
　太平洋側　70ミリ
1日18時から2日18時までに予想される24時間降水量は、いずれも多い所で、
　瀬戸内側　150ミリ
　太平洋側　300ミリ

その後、2日18時から3日18時までに予想される24時間降水量は、いずれも多い所で、
　瀬戸内側　50から100ミリ
　太平洋側　100から150ミリ
線状降水帯が発生した場合は、局地的にさらに雨量が増えるおそれがあります。

[防災事項]
　土砂災害、低い土地の浸水、河川の増水や氾濫に警戒してください。

[補足事項]
　今後発表する防災気象情報に留意してください。
　次の「四国地方気象情報」は、2日5時頃に発表する予定です。

※前ページの色下線部が線状降水帯による大雨の半日程度前からの呼びかけに相当する部分です。
出典：情報は気象庁提供

第5章　大雨に関する防災気象情報

▶▶ 土砂災害警戒情報

　大雨警報（土砂災害）発表後、さらに状況が悪化して、危険な土砂災害がすでに発生、あるいは切迫していると考えられるときに出るのが**土砂災害警戒情報**です。過去に発生した土砂災害の事例を元に、「危険な土砂災害が発生するおそれがあるライン」を設定し、2時間先までにその基準に達すると予想されたときに発表されます。

　この基準として使われるのが、土の中に貯留している水分量を解析し、指数化した土壌雨量指数です。土砂災害は土の中に貯まった大量の雨水で地盤が緩んで発生することが多いからです。大きな地震があったときは、その影響が考えられる地域は**地震影響域**として、発表基準が引き下げられます。

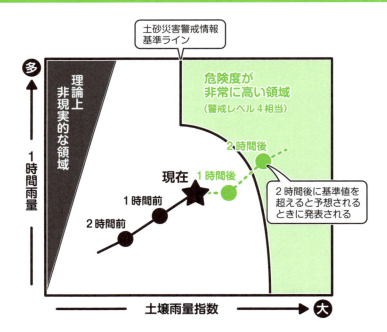

図5-4-7　土砂災害警戒情報と土壌雨量指数の関係

5-4　大雨に伴って発表される情報

　土砂災害警戒情報はおおむね市区町村単位で発表され、警戒レベル４（全員避難）に相当する情報です。プッシュ型の発信が行われており、エリアメールの形で、該当地域にいる人のスマートフォンにも一斉に通知が行くようになっています。土砂災害の危険がある地域にいて、この情報を見聞きしたときは、すみやかに安全な場所に移動する必要があります。

　土砂災害警戒情報は市区町村単位なので、より細かい危険箇所はキキクル（➡5-5：156ページ）も参考にします。

図5-4-8　土砂災害警戒情報の例

石川県土砂災害警戒情報　第2号

令和6年9月21日　8時55分
石川県　金沢地方気象台　共同発表

【警戒対象地域】
　　輪島市　珠洲市　穴水町*　能登町*

　　*印は、新たに警戒対象となった市町村を示します。

【警戒文】
　〈概況〉
　　降り続く大雨のため、警戒対象地域では土砂災害の危険度が高まっています。
　〈とるべき措置〉
　　避難が必要となる危険な状況となっています【警戒レベル４相当情報［土砂災害］】。
　　崖の近くなど土砂災害の発生しやすい地区にお住まいの方は、早めの避難を心がけるとともに、市町から発表される避難指示等の情報に注意してください。

【補足情報】
　　市町内で危険度が高まっている区域は、石川県や気象庁のホームページ等でも確認できます。
　　石川県「ＳＡＢＯアイ」、気象庁「大雨警報（土砂災害）の危険度分布」。

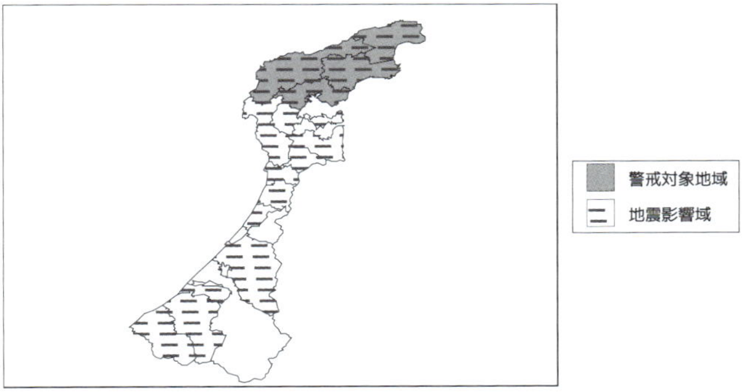

凡例：
　警戒対象地域
　地震影響域

問い合わせ先
076-225-1751（石川県土木部砂防課）
076-260-1463（金沢地方気象台）

出典：情報は気象庁提供

第5章　大雨に関する防災気象情報

153

5-4 大雨に伴って発表される情報

▶▶ 指定河川洪水予報

　大雨の時は土砂災害や浸水のほかに、川のはん濫など、洪水災害への注意警戒も必要です。気象庁から注意報・警報のひとつとして発表される**洪水注意報**・**洪水警報**は、河川を指定せず、そのエリア全体に向け、洪水による災害が発生するおそれがある旨注意・警戒を呼びかけるものです（警報は重大な洪水災害）。大雨のほか、春先の雪融け水による洪水なども含まれます。

　それに対し、特定の河川ごとに発表されるのが**指定河川洪水予報**です。国土交通省管理の全国109の河川について国土交通省と気象庁が共同で発表しています。またそれ以外の河川でも、水害発生時の影響が大きいものについては、都道府県と気象庁が共同で指定河川洪水予報を発表しています。

　指定河川洪水予報は、あらかじめ設定された基準となる水位を元に発表され、危険度に応じて情報の種類が変わります。

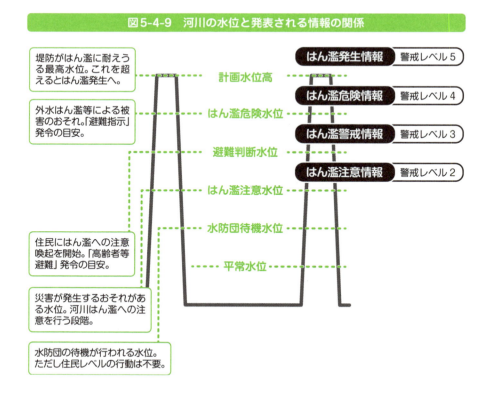

図5-4-9　河川の水位と発表される情報の関係

5-4 大雨に伴って発表される情報

はん濫注意水位に到達し、さらに水位の上昇が見込まれるときは**はん濫注意情報**（警戒レベル２相当）が発表されます。また**避難判断水位**に到達してさらなる水位上昇が見込まれるとき、それから一定時間後にはん濫危険水位に到達する可能性がある場合は、**はん濫警戒情報**（レベル３相当）が発表されます。そしていつはん濫してもおかしくない水位である**はん濫危険水位**に到達、あるいはまもなく到達することが見込まれる場合には**はん濫危険情報**（警戒レベル４相当）が発表されます。そしてはん濫が発生したときは**はん濫発生情報**（警戒レベル５相当）が発表されます。はん濫発生情報では、はん濫による浸水が想定される地域に関する情報も提供されます。

図5-4-10　指定河川洪水予報の例（はん濫危険情報）

発表者 東京都 気象庁	→	第１受報者 機関名	→	第２受報者 機関名	→	第３受報者 機関名

正規

目黒川氾濫危険情報

目 黒 川 洪 水 予 報 第 １ 号
洪 水 警 報 　 （ 　 発 　 表 　 ）
令 和 ６ 年 ０８ 月 ３０ 日 ０２ 時 ５０ 分

東京都 気象庁 共同発表

（見出し）

　　　　【警戒レベル４相当情報［洪水］】目黒川　今後氾濫するおそれ

（主　文）
　　【警戒レベル４相当】これは、避難指示の発令の目安です。
　　流域の住民は、建物の二階に避難するなど浸水に警戒してください。
　　特に、地下施設は水が流れ込むおそれがありますので、十分警戒してください。

　　＜水位＞
　　　目黒川の各水位観測所の実況水位（30日２時34分）と予測水位（30日３時30分まで
　　での最大値）は次のとおりです。

　　青葉台水位観測所［目黒区］
　　　実況　2.86（A.P.10.13）m　氾濫発生水位まで　あと181センチ
　　　予想　3.39（A.P.10.66）m　氾濫発生水位まで　あと128センチ

　　荏原調節池上流水位観測所［品川区］
　　　実況　4.45（A.P.1.94）m　氾濫発生水位まで　あと348センチ
　　　予想　5.68（A.P.3.17）m　氾濫発生水位まで　あと225センチ

　　今後、これらの基準点において水位上昇の危険があるので、注視して下さい。

（注意事項）
（参考資料）
（単位・基準:水位（A.P.水位）m）

観測所名	青葉台	荏原調節池上流	
	目黒区	品川区	
レベル５水位 氾濫発生水位	4.67（11.94）	7.93（5.42）	

出典：情報は気象庁提供

第5章　大雨に関する防災気象情報

155

5-5

キキクル

大雨によって引き起こされる代表的な災害が土砂災害、浸水災害、洪水災害の3種類です。この3つについて、具体的にどこで発生の危険度が高まっているのか、地図で詳しく示したものがキキクル（危険度分布）です。

▶▶ キキクル（危険度分布）

土砂災害、浸水害、洪水災害は、大雨によって引き起こされる三大災害といっても過言ではありません。土の中にしみこんだ雨水で地盤が緩むと土砂災害を、地面にたまった大量の雨水は浸水害を、雨水が河川に流れこむと川の水があふれて洪水災害を引き起こします。

これらの災害の起こりやすさは、単に雨量のみで決まるのではなく、地面の状態などさまざまな要素が複雑に絡み合っています。これらの複合的な影響を考慮した上で雨水の動きを解析・数値化したものが土壌雨量指数、表面雨量指数、流域雨量指数です。そしてこれら3つの指数の解析結果を地図形式でリアルタイムに表したものが、**危険度分布**です。

危険度分布を活用することで、「今、災害の危険が高まっている場所」を地図形式で詳しく分かりやすく知ることができます。そこで気象庁は2021年3月17日に**キキクル**という愛称を決め、一般の利用を促しています。

キキクルには、土砂キキクル、浸水キキクル、洪水キキクルの3種類があり、いずれも気象庁ホームページで見ることができます。

図5-5-1　キキクルの種類

	土砂キキクル	浸水キキクル	洪水キキクル
名称	大雨警報（土砂災害）の危険度分布	大雨警報（浸水害）の危険度分布	洪水警報の危険度分布
対象となる災害	土砂災害	浸水害	河川はん濫（外水はん濫）湛水型の内水はん濫
使われる指標	土壌雨量指数	表面雨量指数	流域雨量指数 ※一部表面雨量指数と組み合わせて使われる場所も
解像度	1kmメッシュ	1kmメッシュ	中小河川含む
更新間隔	10分ごと	10分ごと	

5-5 キキクル

　またキキクルの危険度は色分け表示がなされており、色分けのしかたは警戒レベルの色と同じになっています。黄色は注意（警戒レベル２相当）、赤色は警戒（警戒レベル３相当）、紫色は危険（警戒レベル４相当）、黒色は災害切迫（警戒レベル５相当）です。

図5-5-2　キキクルの色分け

色	相当する警戒レベルとキーワード		土砂災害 の危険度 土砂キキクル	浸水害 の危険度 浸水キキクル	洪水災害 の危険度 洪水キキクル
黒	5	災害切迫	大雨特別警報（土砂災害）の基準に実況で到達	大雨特別警報（浸水害）の基準に実況で到達	大雨特別警報（浸水害）の基準に実況で到達
紫	4	危険	２時間先までに土砂災害警戒情報基準到達予想	１時間先までに大雨警報（浸水害）の基準を大幅に超えると予想	３時間先までに洪水警報基準を大幅に超える予想
赤	3	警戒	２時間先までに大雨警報（土砂災害）基準到達予想	１時間先までに大雨警報（浸水害）基準到達予想	３時間先までに洪水警報基準到達予想
黄	2	注意	２時間先までに大雨注意報（土砂災害）基準到達予想	１時間先までに大雨注意報（浸水害）基準到達予想	３時間先までに洪水注意報基準到達予想

▶▶ 土砂キキクル

　土砂キキクルは、**大雨警報（土砂災害）の危険度分布**です。土壌雨量指数の計算結果を１kmメッシュで10分ごとに提供するものです。黄色は大雨注意報（土砂災害）基準超過、赤色は大雨警報（土砂災害）基準超過、紫色は土砂災害警戒情報基準超過、黒色は大雨特別警報（土砂災害）基準超過となっている場所です。大雨警報（土砂災害）や土砂災害警戒情報発表時、あわせて確認することで、土砂災害発生の危険度が高まっている箇所を地図形式で知ることができます。

　土砂災害警戒区域内にいる場合は、なるべく赤色（警戒）で、遅くとも紫色（危険）の段階には区域外へ移動することが重要です。

5-5 キキクル

図5-5-3 土砂キキクルの例

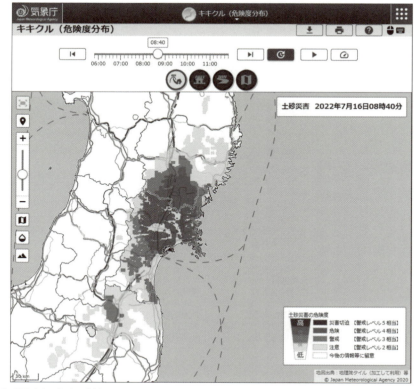

出典：気象庁ホームページより
※4色カラー版は、巻頭カラーページをご参照ください。

▶▶ 浸水キキクル

　浸水キキクルは**大雨警報（浸水害）の危険度分布**です。降った雨水が地面に地表面にどのくらいとどまっているかを数値化した表面雨量指数と呼ばれる指数の計算結果を地図にしたものです。1kmメッシュ単位で10分ごとに更新されます。
　黄色（注意）は表面雨量指数が1時間先までに大雨注意報（浸水害）の基準に到達すると見込まれる場所で、警戒レベル2相当です。周囲より低い場所で側溝などがあふれ、道路が水に浸かったり、地下室やアンダーパスなどに水が流れこんだりする可能性があります。

赤色（警戒）は表面雨量指数が1時間先までに大雨警報（浸水害）の基準に到達すると見込まれる場所で、警戒レベル3相当です。下水や側溝などがあふれ、道路冠水や床上浸水などの被害が出るおそれがあります。

紫色（危険）は表面雨量指数が1時間先までに大雨警報（浸水害）の基準を大幅に超えると見込まれる場所で、警戒レベル4相当です。大規模冠水が発生して交通機関に影響が出るおそれがあります。また床上浸水に至る住宅が多数発生する可能性があります。

黒色（災害切迫）は表面雨量指数が大雨特別警報（浸水害）の基準に到達した場所です。命に関わるような重大な浸水害が発生している可能性があります。

なお建物が無く、家屋浸水の被害が発生しないメッシュは、赤色、紫色、黒色の表示がされません。河川、建物、道路、農地が存在しないメッシュも、黄色、赤色、紫色、黒色の表示がされません。このメッシュの範囲で活動するときは、降水ナウキャストなどで雨雲の動きを確認し、危険を感じたら早めに安全な場所に移動するようにしましょう。

図5-5-4　浸水キキクルの例

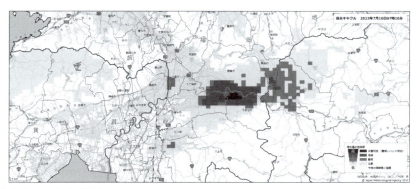

出典：気象庁ホームページより
※4色カラー版は、巻頭カラーページをご参照ください。

5-5 キキクル

▶▶ 洪水キキクル

　洪水キキクルは**洪水警報の危険度分布**です。3時間先までの流域雨量指数を元に、中小河川の洪水の危険度を、河川ごとに色分けで表示しています。指定河川洪水予報が設定されていないような河川の状況も詳しく把握することができます。

　なお、河川の水位が上昇すると、周辺地域の雨水が河川に流れず滞り、それが原因で水路などがはん濫することがあります（**湛水型の内水はん濫**）。湛水型の内水はん濫が想定される場所では、流域雨量指数と表面雨量指数を組み合わせた**複合基準**による危険度分布の表示が行われています。

　洪水キキクルでは、湛水型の内水はん濫が予想される場所は、河川の外側にハッチという形で危険度の色が表示されます。

　黄色（注意）は3時間先までに洪水注意報の基準に到達すると見込まれる場所で、警戒レベル2相当です。

　赤色（警戒）は3時間先までに洪水警報の基準に到達すると見込まれる場所で、警戒レベル3相当です。高齢者や障碍者など避難に時間のかかる方は早めに安全な場所へと移動する必要があります。

　紫色（危険）は3時間先までに洪水警報の基準を大幅に超えると見込まれる場所で、警戒レベル4相当です。この段階までに全員安全な場所に避難を完了する必要があります。

　黒色（災害切迫）は表面雨量指数が大雨特別警報（浸水害）の基準に到達した場所です。

　大河川は指定河川洪水予報、指定河川洪水予報が行われないような中小河川は洪水キキクルを参考に自分のいる場所の危険度を判断していきます。

160

5-5　キキクル

図5-5-5　洪水キキクルの例

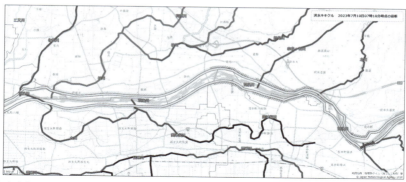

出典：気象庁ホームページより
※4色カラー版は、巻頭カラーページをご参照ください。

COLUMN　中小河川の増水・はん濫

　比較的規模の小さな河川を総称して**中小河川**と呼びます。中小河川は流域で雨が激しく降ると、短時間で急激に水位が上がりやすい特徴があります。特に山間地の中小河川はもともと流れが速いため、あれよあれよという間に濁流と化し、はん濫する前から川岸を削って家屋や道路を破壊し、押し流してしまうこともあります。中小河川の増水・はん濫は、短時間で急激に状況が悪化すると頭に入れ、早め早めの避難行動を行いたいところです。

図5-5-6　山間を流れる中小河川の例

資料編

資料編

防災気象情報等で使われる地域区分一覧（2025年1月現在）

地方予報区	府県予報区	一次細分区域	市町村等をまとめた地域	二次細分区域の名称
北海道地方	宗谷地方	宗谷地方	宗谷北部	稚内市、猿払村、豊富町、幌延町
			宗谷南部	浜頓別町、中頓別町、枝幸町
			利尻・礼文	礼文町、利尻町、利尻富士町
	上川・留萌地方	上川地方	上川北部	士別市、名寄市、和寒町、剣淵町、下川町、美深町、音威子府村、中川町、幌加内町
			上川中部	旭川市、鷹栖町、東神楽町、当麻町、比布町、愛別町、上川町、東川町、美瑛町
			上川南部	富良野市、上富良野町、中富良野町、南富良野町、占冠村
		留萌地方	留萌北部	遠別町、天塩町
			留萌中部	苫前町、羽幌町、天売焼尻、初山別村
			留萌南部	留萌市、増毛町、小平町
	網走・北見・紋別地方	網走地方	網走東部	斜里町、清里町、小清水町
			網走西部	北見市常呂、網走市、佐呂間町、大空町
			網走南部	美幌町、津別町
		北見地方		北見市北見、訓子府町、置戸町
		紋別地方	紋別北部	紋別市、滝上町、興部町、西興部村、雄武町
			紋別南部	遠軽町、湧別町
	釧路・根室・十勝地方	釧路地方	釧路北部	弟子屈町
			釧路中部	釧路市阿寒、標茶町、鶴居村
			釧路南東部	厚岸町、浜中町
			釧路南西部	釧路市釧路、釧路町音別、釧路町、白糠町
		根室地方	根室北部	中標津町、標津町、羅臼町
			根室中部	別海町
			根室南部	根室市
		十勝地方	十勝北部	上士幌町、鹿追町、新得町、足寄町、陸別町
			十勝中部	帯広市、音更町、士幌町、清水町、芽室町、幕別町、池田町、豊頃町、本別町、浦幌町
			十勝南部	中札内村、更別村、大樹町、広尾町
	胆振・日高地方	胆振地方	胆振西部	伊達市伊達、伊達市大滝、豊浦町、壮瞥町、洞爺湖町
			胆振中部	室蘭市、苫小牧市、登別市、白老町
			胆振東部	厚真町、安平町、むかわ町
		日高地方	日高西部	日高町日高、日高町門別、平取町
			日高中部	新冠町、新ひだか町
			日高東部	浦河町、様似町、えりも町
	石狩・空知・後志地方	石狩地方	石狩北部	石狩市、当別町、新篠津村
			石狩中部	札幌市、江別市

164

資料編

地方予報区	府県予報区	一次細分区域	市町村等をまとめた地域	二次細分区域の名称
北海道地方	石狩・空知・後志地方	石狩地方	石狩南部	千歳市、恵庭市、北広島市
		空知地方	北空知	深川市、妹背牛町、秩父別町、北竜町、沼田町
			中空知	芦別市、赤平市、滝川市、砂川市、歌志内市、奈井江町、上砂川町、浦臼町、新十津川町、雨竜町
			南空知	夕張市、岩見沢市、美唄市、三笠市、南幌町、由仁町、長沼町、栗山町、月形町
		後志地方	後志北部	小樽市、積丹町、古平町、仁木町、余市町、赤井川村
			羊蹄山麓	ニセコ町、真狩村、留寿都村、喜茂別町、京極町、倶知安町
			後志西部	島牧村、寿都町、黒松内町、蘭越町、共和町、岩内町、泊村、神恵内村
	渡島・檜山地方	渡島地方	渡島北部	八雲町八雲、長万部町
			渡島東部	函館市、北斗市、七飯町、鹿部町、森町
			渡島西部	松前町、福島町、知内町、木古内町
		檜山地方	檜山北部	八雲町熊石、今金町、せたな町
		檜山地方	檜山南部	江差町、上ノ国町、厚沢部町、乙部町
			檜山奥尻島	奥尻町
東北地方	青森県	津軽	東青津軽	青森市、平内町、今別町、蓬田村、外ヶ浜町
			北五津軽	五所川原市、板柳町、鶴田町、中泊町
			西津軽	つがる市、鰺ヶ沢町、深浦町
			中南津軽	弘前市、黒石市、平川市、西目屋村、藤崎町、大鰐町、田舎館村
		下北		むつ市、大間町、東通村、風間浦村、佐井村
		三八上北	三八	八戸市、三沢市、六戸町、おいらせ町、三戸町、五戸町、田子町、南部町、階上町、新郷村
			上北	十和田市、野辺地町、七戸町、横浜町、東北町、六ヶ所村
	岩手県	内陸	二戸地域	二戸市、軽米町、九戸村、一戸町
			盛岡地域	盛岡市、八幡平市、滝沢市、雫石町、葛巻町、岩手町、紫波町、矢巾町
			花北地域	花巻市、北上市、西和賀町
			遠野地域	遠野市
			奥州金ケ崎地域	奥州市、金ケ崎町
			両磐地域	一関市、平泉町
		沿岸北部	久慈地域	久慈市、普代村、野田村、洋野町
			宮古地域	宮古市、山田町、岩泉町、田野畑村
		沿岸南部	釜石地域	釜石市、大槌町
			大船渡地域	大船渡市、陸前高田市、住田町
	宮城県	東部	気仙沼地域	気仙沼市、南三陸町
			石巻地域	石巻市、東松島市、女川町
			登米・東部栗原	登米市、栗原市東部
			東部大崎	大崎市東部、涌谷町、美里町

165

資料編

地方予報区	府県予報区	一次細分区域	市町村等をまとめた地域	二次細分区域の名称
東北地方	宮城県	東部	東部仙台	仙台市東部、塩竈市、名取市、多賀城市、岩沼市、富谷市、亘理町、山元町、松島町、七ヶ浜町、利府町、大和町東部、大郷町
			東部仙南	角田市、大河原町、村田町、柴田町、丸森町
		西部	西部栗原	栗原市西部
			西部大崎	大崎市西部、色麻町、加美町
			西部仙台	仙台市西部、大和町西部、大衡村
			西部仙南	白石市、蔵王町、七ヶ宿町、川崎町
	秋田県	沿岸	能代山本地域	能代市、藤里町、三種町、八峰町
			秋田中央地域	秋田市、男鹿市、潟上市、五城目町、八郎潟町、井川町、大潟村
			本荘由利地域	由利本荘市、にかほ市
		内陸	北秋鹿角地域	大館市、鹿角市、北秋田市、小坂町、上小阿仁村
			仙北平鹿地域	横手市、大仙市、仙北市、美郷町
			湯沢雄勝地域	湯沢市、羽後町、東成瀬村
	山形県	村山	北村山	村山市、東根市、尾花沢市、大石田町
			西村山	寒河江市、河北町、西川町、朝日町、大江町
			東南村山	山形市、上山市、天童市、山辺町、中山町
		置賜	東南置賜	米沢市、南陽市、高畠町、川西町
			西置賜	長井市、小国町、白鷹町、飯豊町
		庄内	庄内北部	酒田市、遊佐町
			庄内南部	鶴岡市、三川町、庄内町
		最上		新庄市、金山町、最上町、舟形町、真室川町、大蔵村、鮭川村、戸沢村
	福島県	中通り	中通り北部	福島市、伊達市、桑折町、国見町、川俣町
			中通り中部	郡山市、須賀川市、二本松市、田村市、本宮市、大玉村、鏡石町、天栄村、三春町、小野町
			中通り南部	白河市、西郷村、泉崎村、中島村、矢吹町、棚倉町、矢祭町、塙町、鮫川村、石川町、玉川村、平田村、浅川町、古殿町
		浜通り	浜通り北部	相馬市、南相馬市、新地町、飯舘村
			浜通り中部	広野町、楢葉町、富岡町、川内村、大熊町、双葉町、浪江町、葛尾村
		浜通り	浜通り南部	いわき市
		会津	会津北部	喜多方市、北塩原村、西会津町、磐梯町、猪苗代町
			会津中部	会津若松市、郡山市湖南、会津坂下町、湯川村、柳津町、三島町、金山町、昭和村、会津美里町
			会津南部	天栄村湯本、下郷町、檜枝岐村、只見町、南会津町
関東甲信地方	茨城県	北部	県北地域	日立市、常陸太田市、高萩市、北茨城市、ひたちなか市、常陸大宮市、那珂市、東海村、大子町
			県央地域	水戸市、笠間市、小美玉市、茨城町、大洗町、城里町
		南部	鹿行地域	鹿嶋市、潮来市、神栖市、行方市、鉾田市
			県南地域	土浦市、石岡市、龍ケ崎市、取手市、牛久市、つくば市、守谷市、稲敷市、かすみがうら市、つくばみらい市、美浦村、阿見町、河内町、利根町

資料編

地方予報区	府県予報区	一次細分区域	市町村等をまとめた地域	二次細分区域の名称
関東甲信地方	茨城県	南部	県西地域	古河市、結城市、下妻市、常総市、筑西市、坂東市、桜川市、八千代町、五霞町、境町
	栃木県	北部	那須地域	大田原市、矢板市、那須塩原市、塩谷町、那須町
			日光地域	日光市日光、日光市今市、日光市足尾、日光市藤原、日光市栗山
		南部	南東部	真岡市、那須烏山市、益子町、茂木町、市貝町、芳賀町、那珂川町
			県央部	宇都宮市、さくら市、上三川町、高根沢町
			南西部	足利市、栃木市、佐野市、鹿沼市、小山市、下野市、壬生町、野木町
	群馬県	北部	利根・沼田地域	沼田市、片品村、川場村、昭和村、みなかみ町
			吾妻地域	中之条町、長野原町、嬬恋村、草津町、高山村、東吾妻町
		南部	前橋・桐生地域	前橋市、桐生市、渋川市、みどり市、榛東村、吉岡町
			伊勢崎・太田地域	伊勢崎市、太田市、館林市、玉村町、板倉町、明和町、千代田町、大泉町、邑楽町
			高崎・藤岡地域	高崎市、藤岡市、富岡市、安中市、上野村、神流町、下仁田町、南牧村、甘楽町
	埼玉県	南部	南東部	春日部市、草加市、越谷市、八潮市、三郷市、蓮田市、幸手市、吉川市、白岡市、宮代町、杉戸町、松伏町
			南中部	さいたま市、川越市、川口市、所沢市、狭山市、上尾市、蕨市、戸田市、朝霞市、志木市、和光市、新座市、桶川市、北本市、富士見市、ふじみ野市、伊奈町、三芳町、川島町
			南西部	飯能市、入間市、坂戸市、鶴ヶ島市、日高市、毛呂山町、越生町
		北部	北東部	行田市、加須市、羽生市、鴻巣市、久喜市
			北西部	熊谷市、本庄市、東松山市、深谷市、滑川町、嵐山町、小川町、吉見町、鳩山町、ときがわ町、東秩父村、美里町、神川町、上里町、寄居町
		秩父地方		秩父市、横瀬町、皆野町、長瀞町、小鹿野町
	千葉県	北東部	香取・海匝	銚子市、旭市、匝瑳市、香取市、神崎町、多古町、東庄町
			山武・長生	茂原市、東金市、山武市、大網白里市、九十九里町、芝山町、横芝光町、一宮町、睦沢町、長生村、白子町、長柄町、長南町
		北西部	印旛	成田市、佐倉市、四街道市、八街市、印西市、白井市、富里市、酒々井町、栄町
			東葛飾	市川市、船橋市、松戸市、野田市、習志野市、柏市、流山市、八千代市、我孫子市、鎌ケ谷市、浦安市
			千葉中央	千葉市、市原市
		南部	君津	木更津市、君津市、富津市、袖ケ浦市
			夷隅・安房	館山市、勝浦市、鴨川市、南房総市、いすみ市、大多喜町、御宿町、鋸南町
	東京都	東京地方	23区東部	台東区、墨田区、江東区、荒川区、足立区、葛飾区、江戸川区
			23区西部	千代田区、中央区、港区、新宿区、文京区、品川区、目黒区、大田区、世田谷区、渋谷区、中野区、杉並区、豊島区、北区、板橋区、練馬区
			多摩北部	立川市、武蔵野市、三鷹市、府中市、昭島市、調布市、小金井市、小平市、東村山市、国分寺市、国立市、狛江市、東大和市、清瀬市、東久留米市、武蔵村山市、西東京市

資料編

地方予報区	府県予報区	一次細分区域	市町村等をまとめた地域	二次細分区域の名称
関東甲信地方	東京都	東京地方	多摩西部	青梅市、福生市、羽村市、あきる野市、瑞穂町、日の出町、檜原村、奥多摩町
			多摩南部	八王子市、町田市、日野市、多摩市、稲城市
		伊豆諸島北部	大島	大島町
			新島	利島村、新島村、神津島村
		伊豆諸島南部	三宅島	三宅村、御蔵島村
			八丈島	八丈町、青ヶ島村
		小笠原諸島		小笠原村（父島）、小笠原村（母島）
	神奈川県	東部	横浜・川崎	横浜市、川崎市
			湘南	平塚市、藤沢市、茅ヶ崎市、大和市、海老名市、座間市、綾瀬市、寒川町、大磯町、二宮町
			三浦半島	横須賀市、鎌倉市、逗子市、三浦市、葉山町
		西部	相模原	相模原市
			県央	秦野市、厚木市、伊勢原市、愛川町、清川村
			足柄上	南足柄市、中井町、大井町、松田町、山北町、開成町
			西湘	小田原市、箱根町、真鶴町、湯河原町
	山梨県	東部・富士五湖	東部	都留市、大月市、上野原市、道志村、小菅村、丹波山村
			富士五湖	富士吉田市、西桂町、忍野村、山中湖村、鳴沢村、富士河口湖町
		中・西部	中北地域	甲府市、韮崎市、南アルプス市、北杜市、甲斐市、中央市、昭和町
			峡東地域	山梨市、笛吹市、甲州市
			峡南地域	市川三郷町、富士川町、早川町、身延町、南部町
	長野県	北部	中野飯山地域	中野市、飯山市、山ノ内町、木島平村、野沢温泉村、栄村
			長野地域	長野市、須坂市、千曲市、坂城町、小布施町、高山村、信濃町、小川村、飯綱町
			大北地域	大町市、池田町、松川村、白馬村、小谷村
		中部	上田地域	上田市、東御市、青木村、長和町
			佐久地域	小諸市、佐久市、小海町、川上村、南牧村、南相木村、北相木村、佐久穂町、軽井沢町、御代田町、立科町
			松本地域	松本、塩尻、安曇野市、麻績村、生坂村、山形村、朝日村、筑北村
			乗鞍上高地地域	乗鞍上高地
			諏訪地域	岡谷市、諏訪市、茅野市、下諏訪町、富士見町、原村
		南部	上伊那地域	伊那市、駒ヶ根市、辰野町、箕輪町、飯島町、南箕輪村、中川村、宮田村
			木曽地域	楢川、上松町、南木曽町、木祖村、王滝村、大桑村、木曽町
			下伊那地域	飯田市、松川町、高森町、阿南町、阿智村、平谷村、根羽村、下條村、売木村、天龍村、泰阜村、喬木村、豊丘村、大鹿村
北陸地方	新潟県	上越	上越市	上越市
			糸魚川市	糸魚川市
			妙高市	妙高市

資料編

地方予報区	府県予報区	一次細分区域	市町村等をまとめた地域	二次細分区域の名称
北陸地方	新潟県	中越	三条地域	三条市、加茂市、田上町
			魚沼市	魚沼市
			長岡地域	長岡市、小千谷市、見附市、出雲崎町
			柏崎地域	柏崎市、刈羽村
			南魚沼地域	南魚沼市、湯沢町
			十日町地域	十日町市、津南町
		下越	岩船地域	村上市、関川村、粟島浦村
			新発田地域	新発田市、胎内市、聖籠町
		下越	新潟地域	新潟市、燕市、阿賀野市、弥彦村
			五泉地域	五泉市、阿賀町
		佐渡		佐渡市
	富山県	東部	東部北	朝日町、黒部市、魚津市、滑川市、入善町
			東部南	富山市、舟橋村、上市町、立山町
		西部	西部北	高岡市、氷見市、小矢部市、射水市
			西部南	砺波市、南砺市
	石川県	能登	能登北部	輪島市、珠洲市、穴水町、能登町
			能登南部	七尾市、羽咋市、志賀町、宝達志水町、中能登町
		加賀	加賀北部	金沢市、かほく市、津幡町、内灘町
			加賀南部	小松市、加賀市、白山市、能美市、川北町、野々市市
	福井県	嶺北	奥越	大野市、勝山市
			嶺北北部	福井市、あわら市、坂井市、永平寺町、越前町
			嶺北南部	鯖江市、越前市、池田町、南越前町
		嶺南	嶺南東部	敦賀市、美浜町、若狭町
			嶺南西部	小浜市、高浜町、おおい町
東海地方	静岡県	伊豆	伊豆北	熱海市、伊東市、伊豆市、伊豆の国市、函南町
			伊豆南	下田市、東伊豆町、河津町、南伊豆町、松崎町、西伊豆町
		東部	富士山南東	沼津市、三島市、御殿場市、裾野市、清水町、長泉町、小山町
			富士山南西	富士宮市、富士市
		中部	中部北	静岡市北部、川根本町
			中部南	静岡市南部、島田市、焼津市、藤枝市、牧之原市、吉田町
		西部	遠州北	浜松市北部
			遠州南	浜松市南部、磐田市、掛川市、袋井市、湖西市、御前崎市、菊川市、森町
	愛知県	東部	東三河北部	新城市、設楽町、東栄町、豊根村
			東三河南部	豊橋市、豊川市、蒲郡市、田原市
			西三河北東部	豊田市東部
		西部	西三河北西部	豊田市西部、みよし市

169

資料編

地方 予報区	府県 予報区	一次 細分区域	市町村等を まとめた地域	二次細分区域の名称
東海地方	愛知県	西部	西三河南部	岡崎市、碧南市、刈谷市、安城市、西尾市、知立市、高浜市、幸田町
			尾張東部	名古屋市、瀬戸市、春日井市、犬山市、小牧市、尾張旭市、豊明市、日進市、長久手市、東郷町
			尾張西部	一宮市、津島市、江南市、稲沢市、岩倉市、愛西市、清須市、北名古屋市、弥富市、豊山町、大口町、扶桑町、あま市、大治町、蟹江町、飛島村
			知多地域	半田市、常滑市、東海市、大府市、知多市、阿久比町、東浦町、南知多町、美浜町、武豊町
	岐阜県	飛騨地方	飛騨北部	高山市、飛騨市、白川村
			飛騨南部	下呂市
		美濃地方	岐阜・西濃	岐阜市、大垣市、羽島市、各務原市、山県市、瑞穂市、本巣市、海津市、岐南町、笠松町、養老町、垂井町、関ケ原町、神戸町、輪之内町、安八町、揖斐川町、大野町、池田町、北方町
		美濃地方	中濃	関市、美濃市、美濃加茂市、可児市、郡上市、坂祝町、富加町、川辺町、七宗町、八百津町、白川町、東白川村、御嵩町
			東濃	多治見市、中津川市、瑞浪市、恵那市、土岐市
	三重県	北中部	北部	四日市市、桑名市、鈴鹿市、亀山市、いなべ市、木曽岬町、東員町、菰野町、朝日町、川越町
			中部	津市、松阪市、多気町、明和町
			伊賀	名張市、伊賀市
		南部	伊勢志摩	伊勢市、鳥羽市、志摩市、玉城町、度会町、南伊勢町
			紀勢・東紀州	尾鷲市、熊野市、大台町、大紀町、紀北町、御浜町、紀宝町
近畿地方	滋賀県	北部	湖北	長浜市、米原市
			湖東	彦根市、愛荘町、豊郷町、甲良町、多賀町
			近江西部	大津市北部、高島市
		南部	東近江	近江八幡市、東近江市、日野町、竜王町
			近江南部	大津市南部、草津市、守山市、栗東市、野洲市
			甲賀	甲賀市、湖南市
	京都府	北部	丹後	宮津市、京丹後市、伊根町、与謝野町
			舞鶴・綾部	舞鶴市、綾部市
			福知山	福知山市
		南部	南丹・京丹波	南丹市、京丹波町
			京都・亀岡	京都市、亀岡市、向日市、長岡京市、大山崎町
		南部	山城中部	宇治市、城陽市、八幡市、京田辺市、久御山町、井手町、宇治田原町
			山城南部	木津川市、笠置町、和束町、精華町、南山城村
	大阪府	大阪府	北大阪	豊中市、池田市、吹田市、高槻市、茨木市、箕面市、摂津市、島本町、豊能町、能勢町
			東部大阪	守口市、枚方市、八尾市、寝屋川市、大東市、柏原市、門真市、東大阪市、四條畷市、交野市
			大阪市	大阪市

資料編

地方予報区	府県予報区	一次細分区域	市町村等をまとめた地域	二次細分区域の名称
近畿地方	大阪府	大阪府	南河内	富田林市、河内長野市、松原市、羽曳野市、藤井寺市、大阪狭山市、太子町、河南町、千早赤阪村
			泉州	堺市、岸和田市、泉大津市、貝塚市、泉佐野市、和泉市、高石市、泉南市、阪南市、忠岡町、熊取町、田尻町、岬町
	兵庫県	北部	但馬北部	豊岡市、香美町、新温泉町
			但馬南部	養父市、朝来市
		南部	北播丹波	西脇市、丹波篠山市、多可町
			播磨北西部	宍粟市、市川町、福崎町、神河町、佐用町
			阪神	神戸市、尼崎市、西宮市、芦屋市、伊丹市、宝塚市、川西市、三田市、猪名川町
			播磨南東部	明石市、加古川市、三木市、高砂市、小野市、加西市、加東市、稲美町、播磨町
			播磨南西部	姫路市、相生市、赤穂市、たつの市、太子町、上郡町
			淡路島	洲本市、南あわじ市、淡路市
	奈良県	北部	北東部	宇陀市、山添村
			北西部	奈良市、大和高田市、大和郡山市、天理市、橿原市、桜井市、御所市、生駒市、香芝市、葛城市、平群町、三郷町、斑鳩町、安堵町、川西町、三宅町、田原本町、高取町、明日香村、上牧町、王寺町、広陵町、河合町
			五條・北部吉野	五條市北部、吉野町、大淀町、下市町
		南部	南東部	曽爾村、御杖村、黒滝村、天川村、下北山村、上北山村、川上村、東吉野村
			南西部	五條市南部、野迫川村、十津川村
	和歌山県	北部	紀北	和歌山市、海南市、橋本市、紀の川市、岩出市、紀美野町、九度山町、高野町、かつらぎ町かつらぎ、かつらぎ町花園
			紀中	有田市、御坊市、湯浅町、広川町、美浜町、日高町、由良町、印南町、みなべ町、有田川町吉備金屋、有田川町清水、日高川町川辺、日高川町中津、日高川町美山
		南部	新宮・東牟婁	新宮市、那智勝浦町、太地町、古座川町、北山村、串本町
			田辺・西牟婁	田辺市田辺、田辺市龍神、田辺市中辺路、田辺市大塔、田辺市本宮、白浜町、上富田町、すさみ町
中国地方	鳥取県	東部	鳥取地区	鳥取市北部、岩美町
			八頭地区	鳥取市南部、若桜町、智頭町、八頭町
		中・西部	倉吉地区	倉吉市、三朝町、湯梨浜町、琴浦町、北栄町
			米子地区	米子市、境港市、日吉津村、大山町、南部町、伯耆町
			日野地区	日南町、日野町、江府町
	島根県	東部	松江地区	松江市、安来市
			出雲地区	出雲市
			雲南地区	雲南市、奥出雲町、飯南町
		西部	大田邑智地区	大田市、川本町、美郷町、邑南町
			浜田地区	浜田市、江津市
			益田地区	益田市、津和野町、吉賀町

資料編

地方予報区	府県予報区	一次細分区域	市町村等をまとめた地域	二次細分区域の名称
中国地方	島根県	隠岐		海士町、西ノ島町、知夫村、隠岐の島町
	岡山県	北部	勝英地域	美作市、勝央町、奈義町、西粟倉村
			津山地域	津山市、鏡野町、久米南町、美咲町
			真庭地域	真庭市、新庄村
			新見地域	新見市
		南部	東備地域	備前市、赤磐市、和気町
			岡山地域	岡山市、玉野市、瀬戸内市、吉備中央町
			高梁地域	高梁市
			倉敷地域	倉敷市、総社市、早島町
			井笠地域	笠岡市、井原市、浅口市、里庄町、矢掛町
	広島県	北部	備北	三次市、庄原市
			芸北	安芸高田市、安芸太田町、北広島町
		南部	福山・尾三	三原市、尾道市、福山市、府中市、世羅町、神石高原町
			東広島・竹原	竹原市、東広島市、大崎上島町
			広島・呉	広島市佐伯区、広島市安佐南区、広島市安佐北区、広島市西区、広島市中区、広島市東区、広島市南区、広島市安芸区、呉市、大竹市、廿日市市、江田島市、府中町、海田町、熊野町、坂町
四国地方	徳島県	北部	徳島・鳴門	徳島市、鳴門市、小松島市、松茂町、北島町、藍住町、板野町
			美馬北部・阿北	吉野川市、阿波市、美馬市脇・美馬・穴吹、石井町、上板町、つるぎ町半田・貞光
			美馬南部・神山	美馬市木屋平、佐那河内村、神山町、つるぎ町一宇
			三好	三好市、東みよし町
		南部	阿南	阿南市
			那賀・勝浦	勝浦町、上勝町、那賀町
			海部	牟岐町、美波町、海陽町
	香川県	香川県	小豆	土庄町、小豆島町
			東讃	さぬき市、東かがわ市、三木町
			高松地域	高松市、直島町
			中讃	丸亀市、坂出市、善通寺市、宇多津町、綾川町、琴平町、多度津町、まんのう町
			西讃	観音寺市、三豊市
	愛媛県	東予	東予東部	新居浜市、西条市、四国中央市
			東予西部	今治市、上島町
		中予		松山市、伊予市、東温市、久万高原町、松前町、砥部町
	高知県	南予	南予北部	八幡浜市、大洲市、西予市、内子町、伊方町
			南予南部	宇和島市、松野町、鬼北町、愛南町
		東部	室戸	室戸市、東洋町
			安芸	安芸市、奈半利町、田野町、安田町、北川村、馬路村、芸西村

資料編

地方予報区	府県予報区	一次細分区域	市町村等をまとめた地域	二次細分区域の名称
四国地方	高知県	中部	高知中央	高知市、南国市、土佐市、須崎市、香南市、香美市、いの町、日高村
			嶺北	本山町、大豊町、土佐町、大川村
			高吾北	仁淀川町、佐川町、越知町
		西部	高幡	中土佐町、檮原町、津野町、四万十町
			幡多	宿毛市、土佐清水市、四万十市、大月町、三原村、黒潮町
九州北部地方（山口県を含む）	山口県	北部	萩・美祢	萩市、美祢市、阿武町
			長門	長門市
		東部	岩国	岩国市、和木町
			柳井・光	光市、柳井市、周防大島町、上関町、田布施町、平生町
		中部	周南・下松	下松市、周南市
			山口・防府	山口市、防府市
		西部	下関	下関市
			宇部・山陽小野田	宇部市、山陽小野田市
	福岡県	福岡地方		福岡市、筑紫野市、春日市、大野城市、宗像市、太宰府市、古賀市、福津市、糸島市、那珂川市、宇美町、篠栗町、志免町、須恵町、新宮町、久山町、粕屋町
		北九州地方	北九州・遠賀地区	北九州市、中間市、芦屋町、水巻町、岡垣町、遠賀町
			京築	行橋市、豊前市、苅田町、みやこ町、吉富町、上毛町、築上町
		筑豊地方		直方市、飯塚市、田川市、宮若市、嘉麻市、小竹町、鞍手町、桂川町、香春町、添田町、糸田町、川崎町、大任町、赤村、福智町
		筑後地方	筑後北部	久留米市、小郡市、うきは市、朝倉市、筑前町、東峰村、大刀洗町
			筑後南部	大牟田市、柳川市、八女市、筑後市、大川市、みやま市、大木町、広川町
	佐賀県	北部	唐津地区	唐津市、玄海町
			伊万里地区	伊万里市、有田町
		南部	鳥栖地区	鳥栖市、神埼市、吉野ヶ里町、基山町、上峰町、みやき町
			佐賀多久地区	佐賀市、多久市、小城市
			武雄地区	武雄市、大町町、江北町、白石町
			鹿島地区	鹿島市、嬉野市、太良町
	長崎県	北部	平戸・松浦地区	平戸市、松浦市
			佐世保・東彼地区	佐世保市（宇久地域を除く）、東彼杵町、川棚町、波佐見町、佐々町
		南部	島原半島	島原市、雲仙市、南島原市
			諫早・大村地区	諫早市、大村市
			長崎地区	長崎市、長与町、時津町
			西彼杵半島	西海市（江島・平島を除く）

173

資料編

地方予報区	府県予報区	一次細分区域	市町村等をまとめた地域	二次細分区域の名称
九州北部地方（山口県を含む）	長崎県	壱岐・対馬	上対馬	上対馬
			下対馬	下対馬
			壱岐	壱岐市
		五島	上五島	佐世保市（宇久地域）、西海市（江島・平島）、小値賀町、新上五島町
			下五島	五島市
	熊本県	熊本地方	山鹿菊池	山鹿市、菊池市、合志市、大津町、菊陽町
			荒尾玉名	荒尾市、玉名市、玉東町、南関町、長洲町、和水町
			熊本市	熊本市
			上益城	西原村、御船町、嘉島町、益城町、甲佐町、山都町
			宇城八代	八代市、宇土市、宇城市、美里町、氷川町
		阿蘇地方		阿蘇市、南小国町、小国町、産山村、高森町、南阿蘇村
		天草・芦北地方	天草地方	上天草市、天草市、苓北町
			芦北地方	水俣市、芦北町、津奈木町
		球磨地方		人吉市、錦町、多良木町、湯前町、水上村、相良村、五木村、山江村、球磨村、あさぎり町
九州南部・奄美地方	大分県	北部		中津市、豊後高田市、宇佐市、国東市、姫島村
		中部		大分市、別府市、臼杵市、津久見市、杵築市、由布市、日出町
		南部	佐伯市	佐伯市
			豊後大野市	豊後大野市
		西部	日田玖珠	日田市、九重町、玖珠町
			竹田市	竹田市
	宮崎県	北部平野部	延岡・日向地区	延岡市、日向市、門川町
			西都・高鍋地区	西都市、高鍋町、新富町、木城町、川南町、都農町
		北部山沿い	高千穂地区	高千穂町、日之影町、五ヶ瀬町
			椎葉・美郷地区	西米良村、諸塚村、椎葉村、美郷町
		南部平野部	宮崎地区	宮崎市、国富町、綾町
			日南・串間地区	日南市、串間市
		南部山沿い	小林・えびの地区	小林市、えびの市、高原町
			都城地区	都城市、三股町
	鹿児島県	薩摩地方	出水・伊佐	阿久根市、出水市、伊佐市、長島町
			川薩・姶良	薩摩川内市、霧島市、さつま町、姶良市、湧水町
			甑島	薩摩川内市甑島
		薩摩地方	鹿児島・日置	鹿児島市、日置市、いちき串木野市
			指宿・川辺	枕崎市、指宿市、南さつま市、南九州市
		大隅地方	曽於	曽於市、志布志市、大崎町
			肝属	鹿屋市、垂水市、東串良町、錦江町、南大隅町、肝付町

資料編

地方 予報区	府県 予報区	一次 細分区域	市町村等を まとめた地域	二次細分区域の名称
九州南部・奄美地方	鹿児島県	種子島・ 屋久島地方	種子島地方	西之表市、三島村、中種子町、南種子町
			屋久島地方	屋久島町
		奄美地方	十島村	十島村
			北部	奄美市、大和村、宇検村、瀬戸内町、龍郷町、喜界町
			南部	徳之島町、天城町、伊仙町、和泊町、知名町、与論町
沖縄地方	沖縄本島地方	本島北部	伊是名・伊平屋	伊平屋村、伊是名村
			国頭地区	国頭村、大宜味村、東村
			名護地区	名護市、今帰仁村、本部町、伊江村
			恩納・金武地区	恩納村、宜野座村、金武町
		本島中南部	中部	宜野湾市、沖縄市、うるま市、読谷村、嘉手納町、北谷町、北中城村、中城村
			南部	那覇市、浦添市、糸満市、豊見城市、南城市、西原町、与那原町、南風原町、八重瀬町
			慶良間・ 粟国諸島	渡嘉敷村、座間味村、粟国村、渡名喜村
	久米島			久米島町
	大東島地方	大東島地方		南大東村、北大東村
	宮古島地方	宮古島地方	宮古島	宮古島市
			多良間島	多良間村
	八重山地方	石垣島地方	石垣市	石垣市
			竹富町	竹富町
		与那国島地方		与那国町

DATA 資料編

175

索 引
INDEX

あ行

暑さ指数	88
アメダス	43
アメダスの4要素	44
暗域	34
イエローゾーン	25
異常洪水時防災操作	140
異常潮害	18
伊勢湾台風	9
一次災害	11
位置情報	121
溢水	138
内側降雨帯	107
うねり	92
うねりの周期と高さ	98
雨量換算係数	57,59
雲頂強調画像	35
雲頂高度	35
越水	138
塩害	14,111
塩風害	14,111
大雨	14,130
大雨害	14
大雨危険度	23
大雨警報	148
大雨警報（浸水害）の危険度分布	158
大雨警報（土砂災害）の危険度分布	157
大雨災害	14
大雨注意報	148
大雨特別警報	148
大型	115
大潮	113
大雪害	15
大雪に関する早期天候情報	84
遅霜	17,87

か行

解除	78
海上警報	95
海上分布予報	97
海上予報	95
外水	138
外水はん濫	138
解析雨量	55
解析降雪量	61
解析積雪深	60
海氷害	15
がけ崩れ	136
可視画像	32
可視赤外放射計	31
河道閉塞	136
壁雲	106
雷監視システム	52
雷注意報	80
雷ナウキャスト	52
寒害	17
乾球温度	88
乾球温度計	88
乾燥害	18
乾風害	14
関連する現象	80
キキクル	156
危険警報	23
危険度分布	156
気候変動適応法	88
気象警報	75
気象災害	8
気象情報	66,148
気象注意報	73
気象特別警報	76
疑問値	47
急傾斜地の崩壊による災害の防止に関する法律	25

176

急傾斜地崩壊	136	黒球温度	88
急傾斜地崩落危険箇所	24	黒球温度計	88
急傾斜地崩落危険地域	26		
強風	14	**さ行**	
強風域	116	災害関連死	11
強風害	14	災害対策基本法	8
局激	10	災害対策本部	10
局地激甚災害	10	最大瞬間風速	116
局地的大雨	132	細分海域	95
切り替え	78	砂防三法	25
記録的短時間大雨情報	148	砂防三法指定区域	25
緊急安全確保	19	砂防指定地	26
緊急災害対策本部	10	砂防法	25
緊急放流	140	山地災害	26
警戒	23	山地災害危険地区	26
警戒レベル	19	暫定基準	79
継続	78	山腹崩落危険地区	26
警報	12,73,75	地震影響域	152
警報級	12,70	地すべり	136
激甚災害	10	地すべり危険箇所	24
激甚災害法	10	地すべり危険地区	26
決壊	138	地すべり等防止法	25
欠測	47	地すべり防止区域	26
検知局	52	自然災害	8
顕著な大雨に関する気象情報	150	市町村災害対策本部	10
高湿害	18	市町村相互間地域防災計画	9
降水15時間予報	57	市町村地域防災計画	9
洪水害	137	市町村等をまとめた地域	73
洪水キキクル	160	市町村防災会議	9
洪水危険度	23	湿球温度	88
降水強度	51	湿球温度計	88
洪水警報	75,148	指定河川洪水予報	154
洪水災害	14	視程不良害	18
洪水警報の危険度分布	158	自動品質管理	43
洪水浸水想定区域	27	地面現象注意報	74
降水短時間予報	57	霜注意報	87
洪水注意報	75,148,154	重大な災害	12
降水ナウキャスト	51	集中豪雨	132
洪水ハザードマップ	27	準正常値	47
洪水被害	27	少雨	14
降雪短時間予報	62	上陸	124
高齢者等避難	19	資料不足値	47

索引

進行方向と速さ･････････････････ 115
浸水 ････････････････････････ 137
浸水害･･････････････････････ 14,137
浸水キキクル ･･･････････････････ 158
浸水想定区域 ･･･････････････････ 27
浸水注意報 ･･･････････････････ 75
深層崩壊 ･･･････････････････ 136
浸透 ････････････････････････ 143
吸い上げ効果 ･･････････････････ 112
推計気象分布 ･･････････････････ 37
水蒸気画像･･････････････････ 34
水蒸気パターン ･･･････････････ 34
垂直偏波 ･･･････････････････ 49
水平偏波 ･･･････････････････ 49
水量の保存則 ･･････････････････ 145
数値波浪モデル ･････････････････ 98
正規版解析雨量 ･････････････････ 58
正規版降水短時間予報 ･･･････････ 58
静止気象衛星 ･･････････････････ 30
赤外画像 ･･･････････････････ 32
積雪変質モデル ･････････････････ 61
雪圧害 ･･･････････････････ 15
接近 ････････････････････････ 124
雪氷災害 ･･･････････････････ 15
線状降水帯 ･････････････････ 132
線状降水帯による大雨の半日程度前からの呼
びかけ ･･･････････････････ 151
全般気象情報 ･･････････････････ 70
全般台風情報 ･･････････････････ 121
霜害 ････････････････････････ 17
早期局激制度 ･･････････････････ 11
早期注意情報 ･･･････････････70,148
早期天候情報 ･･････････････････ 83
総合情報 ･･･････････････････ 121
増水 ････････････････････････ 137
速報版解析雨量 ･････････････････ 58
速報版降水短時間予報 ･･･････････ 58

た行

大気の川 ･･･････････････････ 134
第二の壁雲･･････････････････ 106
台風 ････････････････････････ 106

台風等を要因とする特別警報 ･･･････ 77
台風に関する気象情報 ･･････････ 121
台風の大きさ ･･････････････････ 115
台風の温低化 ･･････････････････ 107
台風の強さ ･･････････････････ 115
台風の目 ･･･････････････････ 106
高潮 ････････････････････････ 93
高潮害･･････････････････････ 18
高潮危険度 ･･････････････････ 23
高潮警報 ･･･････････････････ 93
高潮浸水想定区域 ･･･････････････ 28
高潮注意報･･････････････････ 93
ダスト画像･･････････････････ 35
竜巻注意情報 ･･････････････････ 81
竜巻発生確度 ･･････････････････ 53
竜巻発生確度ナウキャスト ･････････ 54
多方向から波が来る海域 ･･････････ 99
タンクモデル ･･････････････････ 142
湛水型の内水はん濫･･･････････ 139,160
地域気象観測システム ･･････････ 43
地域防災計画 ･･････････････････ 9
地下水流出 ･･････････････････ 143
地形補正係数 ･･････････････････ 144
地上気象観測 ･･････････････････ 46
地上気象観測装置 ･･･････････････ 46
地方海上予報区 ･････････････････ 95
地方気象情報 ･･････････････････ 70
地方防災会議の協議会 ･･････････ 9
着雪害･･････････････････････ 15
着氷害･･････････････････････ 15
注意報 ･･･････････････････ 23,73
中央処理局･･････････････････ 52
中央防災会議 ･･････････････････ 9
中心位置 ･･･････････････････ 115
中心付近の最大風速 ･････････････ 116
潮位観測情報 ･･････････････････ 93
潮位偏差 ･･･････････････････ 93
超大型 ･･･････････････････ 115
長期緩慢災害 ･･････････････････ 13
直列3段タンクモデル ･･････････ 142
直列5段タンクモデル ･･････････ 144
通過 ････････････････････････ 124

強い台風 ····················· 115	流れで波が険しくなる海域 ········· 99
低温注意報 ···················· 87	なだれ ······················ 15
堤外地 ······················ 138	波と風 ······················· 98
堤内地 ······················ 138	波の高さ ····················· 98
天気分布予報 ·················· 40	二次災害 ····················· 11
天然ダム ····················· 136	二次細分区域 ·················· 73
天文潮位 ····················· 93	二重偏波気象ドップラーレーダー ······ 49
凍霜害 ······················· 17	にんじん雲 ··················· 134
道路冠水 ····················· 137	熱帯収束帯 ··················· 104
特定災害 ····················· 10	熱帯低気圧 ··················· 104
特定災害対策本部 ·············· 10	熱中症警戒アラート ·············· 88
特別警報 ··············· 12,23,76	熱中症警戒情報 ················ 88
都市型水害 ·············· 130,139	熱中症特別警戒アラート ··········· 90
都市化率 ···················· 144	熱中症特別警戒情報 ············· 90
都市部 ······················ 144	農地冠水 ····················· 137
土砂キキクル ················· 157	濃霧害 ······················· 18
土砂崩れ警報 ·················· 75	
土砂崩れ注意報 ················ 74	**は行**
土砂災害 ····················· 14	発達する熱帯低気圧 ············ 118
土砂災害危険箇所 ·············· 24	発達する熱帯低気圧に関する情報 ····· 122
土砂災害危険度 ················ 23	発表 ························· 78
土砂災害緊急情報 ············· 136	破堤 ························ 138
土砂災害警戒区域 ·············· 25	早霜 ······················ 17,87
土砂災害警戒情報 ··········· 148,152	波浪害 ······················· 18
土砂災害特別警戒区域 ··········· 25	波浪警報 ····················· 92
土砂災害防止法 ················ 25	波浪実況・予想図 ··············· 98
土壌雨量指数 ················· 142	波浪注意報 ···················· 92
土石流 ······················ 136	はん濫 ······················ 137
土石流危険渓流 ················ 24	はん濫危険情報 ················ 155
ドップラーレーダー ·············· 49	はん濫危険水位 ················ 155
都道府県災害対策本部 ··········· 10	はん濫警戒情報 ················ 155
都道府県相互間地域防災計画 ········ 9	はん濫注意情報 ················ 155
都道府県地域防災計画 ··········· 9	はん濫注意水位 ················ 155
都道府県防災会議 ··············· 9	はん濫発生情報 ················ 155
	バウンダリ ····················· 34
な行	バックビルディング型 ·············· 133
内水 ························ 138	非常災害 ····················· 10
内水ハザードマップ ·············· 27	非常災害対策本部 ·············· 10
内水はん濫 ··················· 139	非常に強い台風 ················ 115
内水被害 ····················· 27	非都市部 ····················· 144
長雨 ························· 14	避難指示 ····················· 19
長雨害 ······················· 14	避難判断水位 ················· 155

索引

179

ひまわり9号 ················· 30
雹害 ························· 16
表層浸透流出 ················· 143
表層崩壊 ····················· 136
表面雨量指数 ················· 144
表面流出 ····················· 143
風害 ························· 14
風水害 ······················· 14
風雪害 ······················· 15
風浪 ························· 92
風浪と風 ····················· 98
吹き返しの風 ················· 110
吹き寄せ効果 ················· 112
複合基準 ················· 144,160
複合災害 ····················· 11
府県気象情報 ················· 70
フルディスク観測 ············· 31
分布図形式 ··················· 126
平常潮位 ····················· 93
防災気象情報に関する検討会 ··· 23
防災基本計画 ················· 9
防災業務計画 ················· 9
暴風 ························· 14
暴風域 ················· 110,116
暴風域に入る確率 ············· 126
暴風警戒域 ··················· 117
崩落土砂流出危険地区 ········· 26
ほぼ停滞 ····················· 115
本激 ························· 10

ま行

マニング式 ··················· 145
満潮 ························· 113
霧害 ························· 18
明域 ························· 34
迷走台風 ····················· 120
猛烈な台風 ··················· 115
モンスーン合流域 ············· 104
モンスーントラフ ············· 104

や行

融雪害 ······················· 15

融雪洪水 ····················· 15
ゆっくり ····················· 115
予報円 ······················· 117
予報用語 ····················· 12

ら行

雷害 ························· 16
落雪害 ······················· 15
流下過程 ····················· 145
流出過程 ····················· 145
冷害 ························· 17
レッドゾーン ················· 25
漏水 ························· 138

数字

1時間後の推定位置 ············· 116
1日予報 ····················· 117
2週間気温予報 ············· 83,86
4要素観測所 ················· 45
5日予報 ····················· 117

アルファベット

AHI ························· 31
AMeDAS ····················· 43
confluene zone ··············· 104
DustRGB ····················· 35
eye ························· 106
Himawari-9 ··················· 30
inner band ··················· 107
inner rain shield ············· 107
inner rainband ··············· 107
Inter Tropical Convergence Zone·· 104
ITCZ ························· 104
LIDEN ······················· 52
monsoon trough ··············· 104
outer rain sheild ············· 107
outer rainband ··············· 107
primary eyewall ··············· 106
secondary eyewall ············· 106
tropical cyclone ··············· 104
WBGT ························· 88

おもな参考資料

- 気象防災の知識と実践（朝倉書店）
- 改訂版 最新天気予報の技術（東京堂出版）
- 防災気象情報の体系整理と最適な活用に向けて（防災気象情報に関する検討会）
- 避難情報に関するガイドライン（内閣府（防災担当））
- 気象観測統計指針（気象庁）

- 気象庁ホームページ
  https://www.jma.go.jp/jma/index.html
- 気象衛星センター
  https://www.data.jma.go.jp/mscweb/ja/
- e-Gov 法令検索
  https://laws.e-gov.go.jp/
- 東京都建設局ホームページ
  https://www.kensetsu.metro.tokyo.lg.jp/
- 林野庁ホームページ
  https://www.rinya.maff.go.jp/

（※Webサイトはいずれも2025年1月時点）

プロフィール

岩槻 秀明(いわつき ひであき)

宮城県生まれ。気象予報士。千葉県立関宿城博物館調査協力員。日本気象予報士会生物季節ネットワーク代表。日本気象学会、日本雪氷学会、日本植物分類学会会員。
自然科学系のライターとして、植物や気象など、自然に関する書籍の製作に幅広く携わる。また自然観察会や出前授業などの講師を多数務めるほか、メディア出演も積極的に行っている。
愛称は「わぴちゃん」。気象に関する主な著書は『雲を知る本』(いかだ社)、『図解入門　最新気象学のキホンがよ〜くわかる本』(秀和システム)など

- 公式ホームページ「あおぞら☆めいと」

  https://wapichan.sakura.ne.jp/

- 公式ブログ「わぴちゃんのメモ帳」

  https://ameblo.jp/wapichan-official/

- 公式X(旧Twitter)アカウント

  @wapichan_ap

- 公式YouTubeチャンネル「わぴちゃん大学」

  https://www.youtube.com/@wapiwapisitekita

※次回改訂までの間に大きな変更点があった場合は、筆者ホームページの書籍サポートページで補足情報として随時アップしていく予定です。

【筆者による本書サポートページ】

https://wapichan.sakura.ne.jp/work-book-s_20250303_01.html

図解入門 よくわかる
最新 気象災害の基本と仕組み

| 発行日 | 2025年 3月 3日　　第1版第1刷 |

著者　　岩槻　秀明（いわつき　ひであき）

発行者　　斉藤　和邦
発行所　　株式会社 秀和システム
　　　　　〒135-0016
　　　　　東京都江東区東陽2-4-2　新宮ビル2F
　　　　　Tel 03-6264-3105（販売）Fax 03-6264-3094
印刷所　　三松堂印刷株式会社　　　　Printed in Japan

ISBN978-4-7980-6568-7 C3044

定価はカバーに表示してあります。
乱丁本・落丁本はお取りかえいたします。
本書に関するご質問については、ご質問の内容と住所、氏名、電話番号を明記のうえ、当社編集部宛FAXまたは書面にてお送りください。お電話によるご質問は受け付けておりませんのであらかじめご了承ください。